体の中の異物「毒」の科学

ふつうの食べものに含まれる危ない物質

小城 勝相　著

ブルーバックス

カバー装幀／芦澤泰偉・児崎雅淑
カバー写真／ Science Faction/アフロ
本文デザイン・図版制作／鈴木知哉＋あざみ野図案室

はじめに

私たちが生きていくために必須の食物ですが、その安全性を脅かすさまざまな事件が起こっています。今なお世界各地で発生している古典的な公害による有害物質の混入はもちろん、放射性物質や発がん物質による被害、遺伝子組み換え作物、怪しげな健康食品や動物に投与される医薬品の残留物、抗生物質耐性菌やアレルギー物質をはじめ、従来は存在しなかった新たなリスクも続々と誕生しています。築地市場の移転先として大きな話題をよんでいる豊洲市場の問題もまた、その本質は食の安全を脅かすリスクが増すことに対する危惧にあります。

食べものが含むさまざまな毒物——一般に生体異物（xenobiotics）といいますが、これに対するリスクを、科学はどのように扱っているのでしょうか?

食物が潜在的に内包している毒性を研究する学問を、「中毒学」あるいは「トキシコロジー（Toxicology）」といいますが、本書は、中毒学の初歩を解説することで、食物の安全性や健康について科学的に考える基礎——最近の言葉でいえば、食の安全・健康に対するリテラシー——を養っていただきたいという目的で書きました。

「中毒学なんて、自分の生活にどう関わりがあるの？」と疑問をもつ読者もいらっしゃるかもしれません。けれども、実は、中毒学者は案外身近なところで、私たちの日常生活に大きな関わりをもっています。私を含む多くの中毒学者はふだん、大学などで基礎研究を行っていますが、国民生活に直接関係する問題を取り扱うことがあります。

内閣府に「食品安全委員会」という組織があるのをご存じでしょうか。中毒学が積み上げてきた科学的知見に基づいて、客観的かつ中立公正に食品のリスク評価を行っている機関です。

本文中にも何度か登場するこの食品安全委員会は、たとえば牛海綿状脳症（ＢＳＥ）が流行した米国からの牛肉の輸入条件について提言したり、食品中の農薬や環境汚染物質、食品添加物、放射性物質などの健康影響評価を行ったりしています。また、特定保健用食品（トクホ）の審査を担当するなど、食品に関するきわめて広範で重要な役割を担っていますが、歴代の委員長をはじめ、委員のなかに数多くの中毒学者が含まれているのです。

ちなみに、２０１６年10月の時点では、水銀などの金属による中毒に関する研究に長年従事されてきた佐藤洋（ひろし）博士が委員長を務めています。

一見したところ縁遠く、また地味に思える学問ではありますが、基礎研究にはじまり、実際に食の安全を守る行政の現場にいたるまで、中毒学は私たちの食生活に対して重要な役割を果たしているのです。

ではなぜ、食の安全性を評価するうえで、中毒学が中心的な役割を果たしている事実が、一般に広く知られていないのでしょうか？

一つの理由として、中毒学に関する一般向けの解説書がほとんどないことが挙げられます。一般になじみの薄い分野であることに加えて、非常に本を書きにくい分野だからです。

なぜでしょうか？

毒物は、私たちの体が備えている健康維持の機構（しくみ）のどこかに介入することで、その毒性を発揮します。そのメカニズムを理解するためには、毒物である化学物質に関する知識と、健康維持のために生命が備えている機構の、両方の知識が必要です。

それらを理解するためには、第一に化学の知識が必要になりますが、どうしても化学は敬遠されがちです。嫌われ者の〝亀の甲〟に代表される記号を多用することもあって、どことなく近づきにくい空気を漂わせています。最近は、高校で化学を習わなかったという人も増えています。

わからないものに対して過剰な恐怖心が生じるのは当然ですが、自然は想像以上にシンプルな原理で成り立っており、化学反応もまた、きわめて簡単な原理で起こります。ほんの少しの基礎知識を押さえておけば、誰でも簡単に理解できます。本書はその、化学嫌いを払拭（ふっしょく）するための、ほんの少しのお手伝いをしたいと思います。そのため、高校化学の知識をもっていない人でも理解できるように書かれています。

さて、もう一方の健康維持の機構についてはどうでしょうか。私たちの体は、巧妙に調節された膨大な数の化学反応の集合体として機能しています。

一例を挙げると、血糖値（血液中のグルコース〈ブドウ糖〉の濃度）は、その増減をつねに注視しているいくつかの細胞から出される数種類のホルモンによって調節されています。たとえば、血糖値が低いときには、膵臓（すいぞう）のα細胞からグルカゴンというホルモンが血中に出されます。グルカゴンは肝臓に到達し、肝臓の細胞膜にあるグルカゴン受容体というタンパク質に結合します。その結果、受容体の構造が変化して化学反応を起こすことで活性化し、これをきっかけにいくつかの酵素がやはり化学反応によって次々に活性化されたり不活化されたりして、肝臓に蓄えられていたグリコーゲンを分解して血液中に放出します。その結果、血糖値が上がるという巧妙なしくみが秒単位ではたらいて初めて、血糖値を維持することができます。

血糖値を下げる唯一のホルモンであるインスリンも、膵臓のβ細胞で血糖値の増減に対応して合成される化学物質によって、その分泌量が調節されています。このような分子機構を明らかにすることによって、新しい糖尿病の薬も開発されています。糖尿病を患う人も、自身が服用している薬の作用するメカニズムを正しく理解することで、病気と正しく向き合うことができます。

同時に、体内に存在する多数のこのような分子ネットワークについて知ることで、生命を維持する巧妙なしくみに驚かされることでしょう。

ところで、食品の安全性を守り、中毒の発生を防ぐためには、科学だけでなく法律をはじめとする社会的なしくみ・制度も必要です。そのために、国会、厚生労働省、農林水産省、食品安全委員会、消費者庁など、国としての機関が整備されています。しかし、食品は世界中で生産・取引されるため、一国だけで食の安全性を守ることは不可能です。そこで、世界保健機関（WHO）や国連食糧農業機関（FAO）、コーデックス委員会のような国際機関が設けられています。

これら国内外の諸機関は、どのような基準で食の安全性を守ろうとしているのでしょうか？　そうした国際基準をどのように作成するのか――ここでも、中心的な役割を果たすのは中毒学です。

食の安全性については、「安全・安心」という言葉がよく使われます。安全性は科学的に評価できますが、「安心」は個々人の知識や感情、心理に左右されます。科学的な思考ができないために、ときには「ゼロリスク」を要求するような無意味な主張をする人を見かけることもあります。食品は、「安全か／危険か」という二者択一の発想ではなく、科学的な、すなわち、量的な評価が必要です。

実は、現在の高度な分析機器を使えば、あらゆる食品、さらには空気からさえも、発がん物質を検出することができます。放射線は、宇宙から絶え間なく降り注いでくることはもちろん、身近な岩石やコンクリート、そして私たちの体内からも放出されています（「体内から」という意味は、私たちの体に、放射性元素であるカリウム40〈^{40}K〉が含まれているからです。^{40}Kは、必須元素であるカリウムに0・01%は必ず含まれていて、体内から完全に除去することはできません)。

このような前提で考えると、「含まれているかどうか」ではなく、「どの程度の量で、どの程度の影響が出るか」という量的な議論が必要になります。これもまた、中毒学の扱う領域の一つです。

2003(平成15)年に成立した食品安全基本法の第9条には、「消費者は、食品の安全性の確保に関する知識と理解を深めるとともに、食品の安全性の確保に関する施策について意見を表明するように努めることによって、食品の安全性の確保に積極的な役割を果たすものとする」と書かれています。つまり、私たち消費者は、食の安全性に関して、よく勉強するとともに理性的・科学的な意見を表明することが求められています。

そのためには、中毒に関する科学の知識が欠かせません。本書が、読者のみなさんにとって、そのような役割を果たしていただくための一助になれば幸いです。食の安全性を脅かす問題は、今後も次々と新たに発生することが間違いないのですから――。

もくじ

第1章

中毒とは何か

——生命科学としての中毒学入門

中毒とは何か?

「中毒」とは、どういう意味だろうか。「中」には「中る」という訓読みがあり、文字通り「毒に中る」という意味である。『広辞苑』ではより具体的に、「飲食物または内用・外用の薬物などの毒性によって生体の組織や機能が障害されること」と説明されている。

より一般的には、「活字中毒」のように、「身近にあることになれすぎて、無感覚になること。また、それなしにはいられなくなること」（『広辞苑』）という意味もある。いずれの用法にも、「外部からの要因によって、心や体が正常な状態を維持できなくなること」が含意されている。

本書で取り上げるのは、前者に関する科学である「中毒学」、すなわち、毒物の科学である。毒物とは、化学反応によって生物に障害を引き起こす物質＝生体異物のことである。生物は、膨大な数の化学反応（体内で酵素によって起こる化学反応を「代謝」という）によって生命を維持している。別の表現をすると、それら化学反応によって、体内の恒常性（ホメオスタシス）を維持している。

恒常性とは、たとえば血液において、温度や浸透圧（物質の全濃度）、pHの値、ナトリウム・カルシウム・鉄などのイオン類、酸素や炭酸ガス、水、各種のタンパク質、グルコースや脂質、さらには老廃物である尿素や尿酸、ビリルビンなど、血液内に存在するすべての物質の濃度（含まれる割合）が神経系、内分泌系（ホルモン）、代謝系の協働作業によって一定の範囲に維持されることである。その値は、ヒトであれば誰でもほぼ同じ数値を示し、そこから一定以上はずれると病気と診断されることになる。

毒物は、体内で機能するさまざまな化学反応のどこかに介入することで、生体に障害を与える。毒性を発揮するメカニズム（毒性発現機構という）が分子レベルでわかっている毒物も少数あるが、残念ながら大多数は未解明の状態にある。たとえば、お酒を飲み過ぎてアルコール性肝炎になり、肝硬変から肝臓がんに進行することがあるが、これらの病変がもたらす臨床症状と肝臓に起こる形態学的変化は、ヒトでも動物実験でも明らかにされている。

形態学的変化とは、顕微鏡で見たときの臓器の形態上の変化であり、これは病理学の担当である。現在の中毒学では、毒性発現機構は動物実験の結果をもとに、ヒトでの臨床症状と病理学的所見を総合して推論し、治療法を決定している。しかし、そのような変化が、膨大な代謝過程のどこが攪乱（かくらん）されることで引き起こされるのかという分子レベルの機構に関しては、ほとんどが将来の研究に期待するしかない状況にある。すべての生命現象を分子レベルで解明する（分子の変化で記述する）のが生命科学の目標であり、毒物に特化した生命科学の一分野である中毒学もまた、同じ目標をもっている。

生命科学には、化学、生物学、生化学、生理学、薬理学、病理学、臨床医学、生態学など、きわめて広範な学問が属しているが、どこか一つの分野で大きな進歩があれば、それがすべての分野に波及する相互に緊密な関係になっている。

たとえば、化学で高感度分析の技術が開発されたり、生化学で遺伝子の配列を読む技術が確立されたりすると、それら新技術が人類の起源やその世界中への伝播、あるいは日本人の起源などといった、一見かなり距離のありそうな問題にも応用されていく。そのような横断的な発展が可能なのは、広い視点で見れば、すべての分野が「生命に関わる分子」を扱う化学の一分野だからである。

ある化学物質の化学構造を見ただけでその毒性を予言できるようになるには、まだ相当の研究の蓄積が必要だが、生命科学に関して各分野で行われている多様な研究から、その突破口がひらかれる可能性がある。生命科学の諸領域は、化学によって相互に結びつけられているのである。

世に4種類の毒物あり――急性より慢性が危ない

毒物は、起源によって4種類に分類される。

①フグ毒などの動物毒、プロテアーゼインヒビターなどの植物毒、アフラトキシンなどのカビ毒、病原性大腸菌О１５７のベロ毒素などの細菌毒が含まれる「自然毒」、②工業化学薬品、医薬品、農薬などの「合成毒」、③重金属などの「無機毒」、④放射線などその他の毒、である。

②の合成毒に関しては、日本では法律などの社会的制度が整備されたことで、短時間で生体に障害が起こる「急性毒性」をもつ物質は、環境中にはほとんどなくなっている。ただし、低濃度で環境中にあり、長い時間をかけてがんを引き起こしたり、子孫に影響を及ぼしたりするような物質が存在する。毒性の発現に長時間を要する場合を「慢性毒性」というが、現代社会における健康問題にとっては、慢性毒性をもつ物質がきわめて重要である。

先の中毒の定義にもあるように、毒物は、食品に含まれるかたちで口から消化器に侵入してくる場合が多い。アスベストや有機溶媒、光化学スモッグのように空気とともに肺に入るものも、サリンのように皮膚から侵入するものも存在するが、摂取する量が圧倒的に多い食物による毒性こそが、私たちにとって最も重要であることは確かである。

そして食物は、牛乳などを除けば、すべて他の生物そのものであるため、環境の汚染度合いがそのまま、食物連鎖の頂点にいる私たちヒトの健康障害に直結している。そこで本書では、主として「食品に含まれていて慢性毒性を発揮する化学物質」による毒性に焦点を当てて解説する。

毒物が体内に侵入した後、どのように各臓器に散らばって分布し、どのような代謝過程に介入して毒性を発揮するのか。私たちの体には、薬物代謝酵素などを使って毒物を無毒物質、あるいは低毒性の物質に代謝して、体外に排出する解毒システムが備わっている。これらについて解説するとともに、現代人の健康に大きな影響を及ぼすがん、放射性物質、アレルギー、遺伝子組み換え食品、健康食品、内分泌攪乱化学物質（環境ホルモン）、トランス脂肪酸、トリハロメタンなどについても考察している。

食中毒をどう考えるか

食品に起因する健康障害のことを広く「食中毒」というが、食中毒のなかでも一般によく知られているのは、レストランなどにおける食中毒だろう。

提供される食材に付着した細菌やウイルスによる健康障害が、患者数として多いのは事実である。細菌やウイルスによる食中毒は比較的短時間で症状が現れるため、事件として報道されることも多い。事件を起こしたレストランなどは、法律によって営業停止になるが、それによって食品事業者は法的制裁とともに、信用を失墜するなどの社会的制裁をも受けることになる。事業を継続するうえで大きな痛手となるため、未然に防ぐべく十分な注意を払ったり、事件が起こったときに迅速に適切な対応をとるなどするようになる。

このような細菌やウイルス、あるいは寄生虫などの生物的病因が引き起こす中毒も重要ではあるが、このテーマにはすでに多くの参考書が存在する。紙幅の面からも、本書では人工物が関与する抗生物質耐性菌以外には触れず、一般向けの解説書がほとんど存在しない化学物質による中毒にしぼって話を進めることにする。食中毒に関心のある方は、類書を参考にされたい。

「食の安全性」確保は人類最大の重要課題

食の安全性は、人類にとってつねに重要な問題でありつづけてきた。ただし、その問題の内実は時代とともに変化を繰り返しており、現在でも新たな問題が発生しつつある。食を避けては通れないことを考えれば、中毒との戦いはいわば、人類にとって永遠の重要課題といえる。

大昔の狩猟採集時代には、赤痢やコレラのような食物に含まれる病原性微生物、寄生虫、毒キノコやフグのような自然毒が大きな問題であった。現代でもこれらの問題が根絶されたわけではないが、上水・下水などの社会的基盤の整備、ワクチン、ふぐ調理師の免許制、教育などによって、社会全体としての対応力が格段に増している。

農耕が行われるようになると、自然毒を適切に処理する方法が必要になった。自然毒としては、西アフリカで常食される作物・キャッサバの青酸配糖体がある。これを摂取すると植物の酵素（タンパク質）や腸内細菌によって分解され、青酸（HCN）を発生して血中に入り、脳の呼吸酵素を阻害する。ちょうど青酸カリを飲むのと同じ状態になるため、事前に水にさらすなどの毒抜き処理が必要となる。その他、ジャガイモのソラニン、穀類や豆類に含まれるプロテアーゼインヒビターなども、適切に処理しなければ食に適さない。

プロテアーゼインヒビターとは、消化酵素のプロテアーゼ（膵臓から出されるトリプシンやキモトリプシンなどのタンパク質分解酵素）に結合して、その活性を阻害するタンパク質である。穀類や豆類を生で食べると、これらのタンパク質が消化酵素のはたらきを阻害する結果、タンパク質を消化できなくなり、成長阻害などの障害が生じる。しかし、プロテアーゼインヒビター自身もタンパク質なので、加熱すると変性して不活性化（失活という）し、機能を喪失してタンパク源へと変化する。

炊飯などの加熱調理は、味をよくするだけでなく、穀類を安全で豊かな食料に変える画期的な方法であった。さらに、加熱によってタンパク質が変性し、消化酵素で分解されやすくなることや、多くの病原微生物が死滅することも重要である。よく「自然のものは安全」といわれるが、これらの事実一つとっても、事実ではないことが理解できる。

化学物質が増えれば中毒も増える

さらに時代が下り、社会が大きく変化するとともに、食の安全性と中毒に関わる問題もより多岐にわたるようになった。金属の使用開始とともに鉱山の地下から多くの物質が掘り出されるようになり、当然ながら毒性の強い化学物質が環境に多くばらまかれるようになる。紀元前五～前四世紀の医者ヒポクラテスは、金属を精錬する男性の腹部疝痛（せんつう）（鉛疝痛など）に言及している。その種類が何であれ、金属の蒸気（ヒューム）を吸い込むと内臓の痛みが発生する。鉛中毒は今なお、世界中で起こっている問題である。

鉱山からの化学物質による中毒については、日本でも田中正造が尽力した足尾銅山の鉱毒事件や、カドミウム汚染によるイタイイタイ病がよく知られている。金の採取に伴う水銀の大量使用、ヒ素、水銀、アスベストなどについても、環境や健康への影響が世界中で懸念されている。

近年になると、有用な化学物質を製造する過程で使用される触媒や、新たに生成する毒性物質が環境に排出され、環境汚染が起こっている。アセチレンからアセトアルデヒドをつくるための触媒であった水銀イオンが製造途中で有機化されたり、川に流出した水銀イオンが海の生物によってメチル水銀に変換されたりして魚介類に生物濃縮された結果生じたのが、水俣病である。

現在では、エチレンからパラジウム触媒を用いてアセトアルデヒドを製造するワッカー法が開発され、高価なパラジウムは完全に回収されるため、環境への放出は起こらなくなっている。現代社会に不可欠な化学物質の製造におけるイノベーションも、環境問題解決に重要であることの一つの実例となっている。

日本は、高度成長期に激烈な公害を経験し、社会的に対処する努力をしてきた経験がある。個々の化学物質の毒性に関する研究も進歩した。現在では、大気汚染防止法や水質汚濁防止法などの公害規制法によって、化学工場にはそれぞれ排出総量が決められているため、1950～1970年代のような大規模な環境汚染は起こっていない。しかし、世界的に見れば、これら古典的な環境汚染や食物連鎖による生体障害は現在もなお、重要な環境問題でありつづけている。

私たちが口にするほぼすべての食物は、他の生物そのものであり、水質、土壌、大気への環境汚染が食物の安全性に直接的な影響を及ぼすことは明らかである。化石燃料を燃やすだけでもイオウや窒素の酸化物が生成し、大気中で硝酸や硫酸に変換されて呼吸器に障害を与える事例が起こったことを忘れてはならない。

リスクと規制の考え方——ゼロにできない前提に立つ

産業活動によって毒性をもつ化学物質が大規模に環境中に排出される場合、それらによる中毒が発生することを防ぐためには、規制値を定める必要がある。適切な規制値を決めるためには、どのような方法が考えられるだろうか？

基礎となるデータは、疫学（えきがく）調査によるものである。疫学とは、ヒトの集団に対して健康および病気の原因を宿主や病因、環境の面から包括的に考えて予防をはかる学問であり、いわばマクロレベルの科学である。

一方、分子レベルから病因を探るのは生化学のようなミクロの科学だが、両者の知見が一致することで重要な情報が得られる。たとえば、魚や、魚を主食とするアザラシを食べているイヌイットの食生活の調査から、彼らには心筋梗塞が少なく、その理由が魚油（ぎょゆ）に含まれる（エ）イコサペンタエン酸（この表記については155ページのコラム4参照）やドコサヘキサエン酸などの高度不飽和脂肪酸であることが突き止められ、これらが動脈硬化を予防するメカニズムが分子レベルでも解明されつつある。

疫学は、1854年の英国人医師ジョン・スノウによる研究が最初とされている。彼は、ロンドンにコレラが流行した際、各家庭が契約している給水会社とコレラによる死者の関係を調べ、コレラが水と関係していることを示した。コッホがコレラの原因としてコレラ菌を発見したのはそれから30年後のことであり、コレラ菌という病気の直接的原因がわからなくても、汚染された水を使わなければコレラを予防できるとした発見には、きわめて重要な意味がある。

大気汚染を引き起こす物質には、浮遊粒子状物質、窒素酸化物、硝酸、二酸化硫黄、硫酸、オゾン、光化学スモッグなどがある。これらを規制するためには、火力発電所、製鉄所、石油精製工場などの大規模排出源や、自動車などの小規模排出源それぞれに対する排出基準をつくる必要がある。その基礎を提供するのもまた、疫学調査である。

図1－1は、アメリカ6都市における空気1㎥中に含まれる微粒子量（μg：マイクログラム＝100万分の1g）を横軸に、死亡率比を縦軸に示したものである。微粒子の増加とともに、死亡率比もほぼ比例して増加していることがわかる。この図では縦軸を死亡率比にしてあるが、気管支喘息など、大気汚染に直接影響を受ける呼吸器系の病気の罹患（りかん）率などを調査すれば、さら

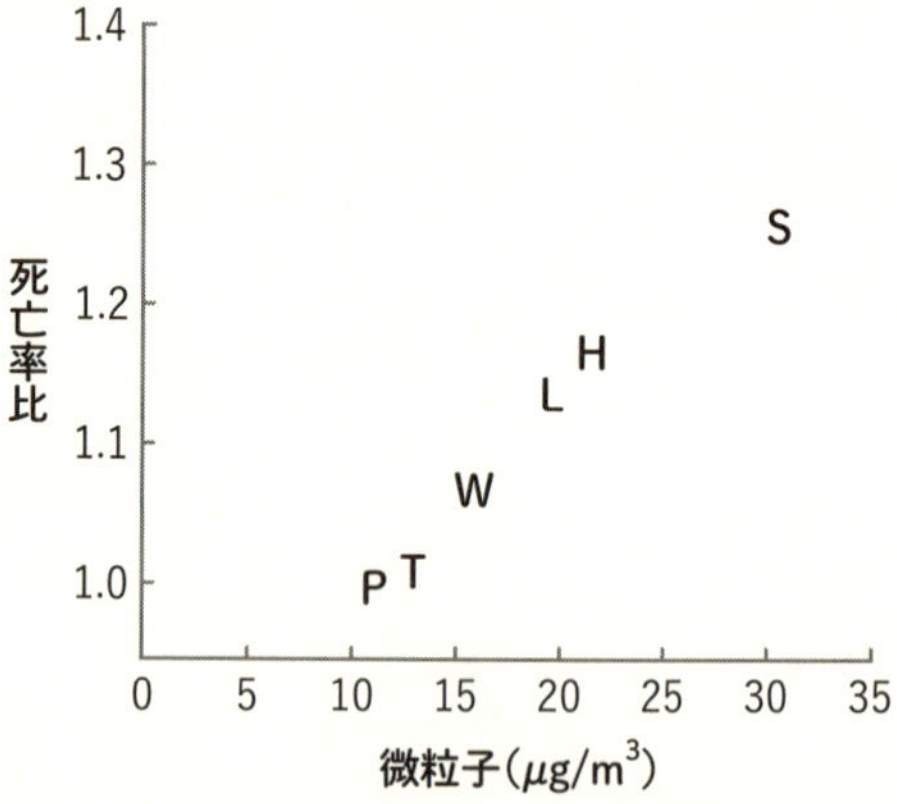

図1-1　アメリカ6都市における空気1m³中に含まれる微粒子量に対する死亡率比（Dockeryら、*New Engl. J. Med.*, **329**, 1753-1759（1993）を改変）
P：ウィスコンシン州のポーテージ、T：カンザス州のトペカ、W：マサチューセッツ州のウォータータウン、L：テネシー州のセントルイス、H：テネシー州のハリマン、S：オハイオ州のスチューベンビル

に明確な因果関係が得られる。このような調査を、各化学物質に対して行う。

　また、動物実験などから個々の物質の毒性発現機構を明らかにできれば、いっそう確実である。世界中でこのような研究が行われており、それらを総合することで、どの程度の汚染物質が大気中に許容できるのかを評価することができる。そこから導き出される規制値が、科学的根拠をもつことになる。

　なお、これら汚染物質の多くは自然界でも生成しているため、まったくのゼロにすることは不可能である。ここでも、「含まれているかどうか」ではなく、「どの程度の量で、どの程度の影響が出るか」を考えることが重要であり、中毒に対する科学的な考え方の基本は、あくまでも量の問題にあることがわかる。

コラム1　相関性と因果関係

「疫学」という言葉が出てきた。疫学調査によって、多くの事柄の間にひそむ相関性が明らかにされてきた歴史がある。本書でも、疫学調査による成果の例を多く紹介していく。

しかし、これらの研究を見る場合に、注意すべき点が二つある。

一つは、データの信憑性である。発表されたデータが正しいのかどうか判断のつかない場合がある。たとえば、病気の診断が正しく行われなかった可能性が高い大昔にとられたデータや、戦中・戦後などの混乱した時代に記録されたデータなどである。現代であっても、国や地域によっては種々の理由からデータが信頼できないことも多い。

もう一つは、たとえ相関性が認められても、それが必ずしも因果関係を意味しないことである。たまたま相関しただけの可能性も否定できないからである。たとえば、最近の健康ブームもあって、早朝から公園などでランニングをしている高齢者を見かける機会も少なくない。このような人は、「自分は走っているから健康だ」と考えている場合が多い。健康維持のために運動が重要であることはよく知られており、その観点からは走ることが原因で、結果が健康ということになる。

しかし、「健康な人だから走っている」ということもあり得る。この場合、因果関係は逆になる。このように、相関性と因果関係を慎重に考えることで、さまざまなことが見えてくることもある。たとえば、寄生虫の減少とともにアレルギーが増加したことははっきりしているが、この相関関係からただちに、寄生虫の減少がアレルギー増加の直接的原因であると断定することはできない。寄生虫の減少と相関する他の要因がアレルギーの真の原因である可能性も考えられるし、寄生虫とアレルギーに偶然、相関があっただけかもしれないからである。

さらにもう一つ、大切なことがある。医学は「統計的な知」であるといわれるが、統計的な知によっては、個々の人の運命は予測できないことである。たとえば、「あなたのがんでは5年生存率は80％です」といわれても、3年で死ぬかもしれないし10年生きるかもしれない。あるいは、病院で手術を受けるとき、その病院でのこれまでの成功率が90％であると伝えられても、患者個人にとっては失敗か成功かのどちらかしかない。可能性としては少ない「失敗の10％」に入るかもしれないのだから、悩むことになるだろう。

この例のように成功率が90％なら、「まあ大丈夫」と楽観視できそうだが、これがもし70％だったらどうだろうか？　「成功率70％です」といわれれば、受けてみようかと思えそうだが、「失敗率が30％です」といわれた場合にはまた印象が違ってくる。3割打者には、つねにヒットを打っているイメージがある。確率的には同じことを表現しているにもかかわらず、説明の仕方によって、手術を受けるかどうかの決断は変わってくるのかもしれない。

ところで、降水確率30％のとき、あなたは傘をもって外出しますか？

第2章

生命も毒物も有機化合物でできている

私たち生物の体は、さまざまな元素からなる分子によって構成されている。そして、その分子のほとんどは、有機化合物である。私たちの体と相互作用して、好影響や悪影響を及ぼす医薬品や農薬、環境汚染物質などに有機化合物が多いのも、このためである。

すなわち、私たち生物と化学物質との関わりは、主として有機化合物どうしの相互作用であり、中毒もまた、その作用の一形態である。

有機化合物が発揮する毒性について知るためには、「そもそも有機化合物とは何か」を知らなければならない。本章では、有機化合物に関する必要最低限の基礎知識を説明するので、化学に詳しい読者は飛ばしていただいてかまわない。

反対に、化学や化学式に慣れていない読者の方は、文中に化学式が出てくるたびに、この章に立ち戻っていただければ幸いである。ただし、本書で説明する中毒の原理を理解するためには、ある化学反応が起こったときに、分子のどこかが変化した（形が変わった）ことがわかればいいので、細かい知識は不要である。また、この章が理解できなくても本書の内容のほとんどは理解できるので、化学式がどうしても苦手という人は細かいことを気にせずに、「そんなものか」と思って読み進めていただければ幸いである。

生体分子の主役は「炭素」

有機化学は元来、生体を構成する分子に関する学問である。分子は、複数の原子が結合して形成される。原子を「atom」というが、「a」は否定を表す接頭辞で、「tom」には「分割する」という意味があるので、「これ以上分割できないもの」ということから名づけられたものである。

原子は100種類以上存在するが、陽子（プロトン）と中性子、電子の、たった3種類の粒子から成り立っている。「これ以上分割できないもの」という由来とはうらはらに、大きなエネルギーを与えれば、これら3種の粒子に分解する。ただし、放射性元素の崩壊を除けば、私たちの体内で原子が変化することはない。原子を変化させるには、太陽の内部や超新星爆発などの、生物が存在できないレベルの超高エネルギーの場が必要不可欠だからである。

あまたある元素の中でも、有機化学の主役は「炭素（C：carbon）」である。脇を固めるバイプレーヤーとして、「水素（H：hydrogen）」「酸素（O：oxygen）」「窒素（N：nitrogen）」「イオウ（S：sulfur）」「リン（P：phosphorus）」の5元素があり、炭素を含めた計6元素で私たちの体の99％近くを構成している。

体の60～70％は水（H_2O）なので、元素の比率でいえば炭素より水素と酸素のほうが多いが、体を維持するために機能する分子という観点からは、炭素が堂々の主役である。

炭素が主役を張っている理由は、多くの種類の大きな分子をつくることができるためである。その背景には、炭素が四つの安定な化学結合をつくる能力をもっていることが挙げられる。

水素は一つしか化学結合をつくれないので、水素だけで大きな分子を形成することはできない。酸素とイオウは二つ、窒素は三つないし四つの結合をつくることができるが、これらが集まって結合をつくっても、炭素のように大きく、安定な機能分子の骨格を形成することはできない。

リンは、DNA（デオキシリボ核酸）のような巨大分子にも含まれるが、体内ではほとんど、酸素を四つ結合したリン酸誘導体のかたちでしか存在しない。したがって、〝つなぎ〟の部品としては使えても、炭素ほど変化に富んだ機能性分子――たとえば、糖やアミノ酸、脂質、核酸などの骨格部分――をつくることはできない。

化学結合とはなんだろう

それでは、化学結合とはどのようなものなのだろうか。

炭素は四つ、水素は一つ……、と各原子が結合できる数について紹介したが、その数は、どのように決まるのだろう。まずは、水素をはじめとする原子の成り立ちから紹介しよう。

原子の中央には原子核が存在し、原子核の内部には陽子と中性子が存在する。プラスの電荷をもつ陽子が原子核に一つしかない水素から、順に一つずつ増えて、より大きな原子になっていく。元素の違いは、この陽子の数の違いから生ずる。陽子の数は、炭素で6、窒素で7、酸素が

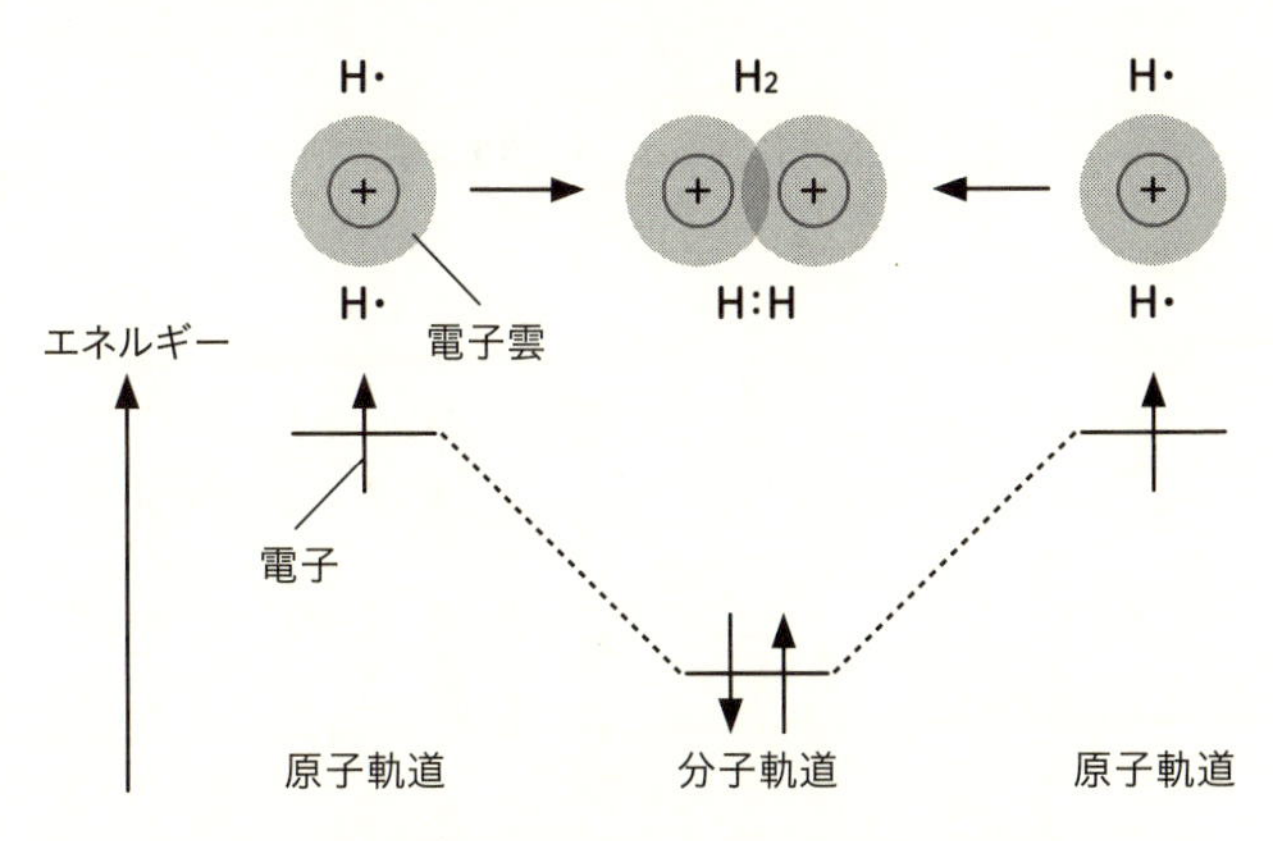

図2-1　2個の水素原子から水素分子が生成するときの電子の動き

8である。陽子の数を原子番号という。中性子は、陽子と同じくらいの数が、陽子とともに原子核内部に存在している。

水素は、前述のとおり原子核に陽子を一つだけもっていて、そのまわりを1個の電子が回っている。ちょうど、太陽（原子核）と地球（電子）のような関係になっていることから、電子がいる場所を軌道とよぶ。

陽子は、6×10^{23}個も集めてやっと1gになるほどの、ごく小さな粒子である。電子は、その小さな陽子のさらに1800分の1の重さしかないが、電荷の大きさは陽子とまったく同じで、ただし正負が反対のマイナスになっている。これは、中性子からマイナス電荷の電子が飛び出してプラスの電荷をもつ陽子ができることを考えればよく理解できる。1個の原子に含まれる電子の数と陽子の数はつねに同じなので、原子全体で見れば、電気的に中性を保っている。

式2-1 $2H\cdot \rightarrow H_2 +$ 熱エネルギー

図2－1に、2個の水素原子が近づいて、1個の水素分子になるようすが示してある。化学式では、式2－1のようになる。

図2－1の左側の水素原子がもつ1個の電子は、原子軌道とよばれる原子核の近くの空間を飛び回っている。そのようすをビデオで撮影すると、図でアミかけ部として示したように、原子核の近くの球形の空間に存在する。ミクロの世界では、電子の位置と運動量は正確に決めることができず、確率的に議論するしかない（ここで詳細には触れないが、量子力学の要請による）。

電子は、アミかけで示された空間のどこかにあるが、この空間の広がりが雲のように見えるので電子雲という。右側の水素原子の電子も同様である。二つの水素原子が近づくと、電子雲は重なって水素分子（H_2）を形成する。その結果、新たに水素分子の分子軌道が生成されて、両方の水素原子の電子はその分子軌道に入る。

電子を〝糊〟にして原子どうしが合体

ここで重要なことが二つある。

一つはエネルギーであり、分子軌道はもとの原子軌道より低いところにある。喩えていえば、2階にいた電子が1階に下りてくるようなものだ。この結果、安定な結合ができる。なぜ安定化するのだろうか。式2－1の右辺に示されているように、水素分子ができると、2階と1階の間の位置エネルギーの差に相当する分のエネルギーを熱エネルギーとして外部に放出することで、安定な状態へと移行するのである。

このような反応を発熱反応といい、自然界で自然に起こる反応である。反対に、もとの2個の原子に分解するには、外部から大きなエネルギーを加えて、1階にいる電子を2階以上に上げてやらなければならない。自然界では必ず、エネルギー的に低く、より安定な発熱反応の方向に反応が進むので、多量の水素原子を混合すると熱を発生しながら、瞬時にすべて水素分子になってしまう。

二つめに重要なポイントとして、電子を矢印で示してあることに注目していただきたい。原子軌道にある電子の矢印はともに上を向いているが、分子軌道に入ると一方は上向きに、他方は下向きになっている。この「上向き／下向き」の性質をスピンという。原子軌道であれ分子軌道であれ、一つの軌道に電子は二つまで入ることができるが、その二つの電子は、スピンと命名される性質が互いに異なるものでなければならないとする「フントの規則」によって、上向き／下向きのペアになっているのだ。

このように、二つの水素原子は電子を一つずつ出し合って、プラス電荷をもつ二つの原子核がマイナス電荷をもつ二つの電子をあたかも糊（のり）のようにして結合する。電子を出し合って電子対をつくり、それを共有して結合するので、このような結合を共有結合という。ほとんどの有機化合物は、この共有結合によって各原子が結合している。炭素や窒素、酸素も同様に、共有結合で他の原子と結合していく。

原子と元素の違いとは？

ところで、自然界には、重水素またはデューテリウム（D）とよばれる原子が、水素全体の0・015％ほど存在する。重水素は、原子核に陽子1個と中性子1個をもっている。中性子はその名のとおり電荷がなく、重さは陽子とほぼ同じである。したがって、重水素を6×10^{23}個集めると2gになる。陽子の数が原子番号なので、水素も重水素も、原子番号1の水素という元素に属する原子である。

原子という言葉は個々の原子を指し、一方の元素は同じ陽子の数をもつ原子の集合体のことを意味している。そこで、同じ原子番号をもちながら別の原子、たとえば、水素における重水素のような原子を同位元素（同位体）とよぶ。水素と重水素の例からわかるように、同位元素とは、陽子の数が等しく、中性子の数が異なる原子のことである。水素という元素のグループにはさらに、陽子が一つ、中性子が二つの三重水素またはトリチウム（T）という同位元素も存在する。トリチウムは放射性で、自然界には重水素よりもはるかに微量しか存在しない。

原子がバラバラにならない巧妙なしくみ

前々項で紹介したとおり、一つの軌道に電子は二つまでしか存在できない。そもそもマイナスの電荷をもつ者どうしは電気的に反発するので、そんなに多くのものが同じ場所にいられるわけがない。

さて、原子核に陽子2個と中性子2個が存在するのがヘリウム（He）である。ヘリウムは、いちばん内側の軌道に2個の電子が入るので、これで満杯となる。電子が満杯になると化学反応をしないので、ヘリウムは超高温の太陽の内部でも安定的に存在している。

ところで、先ほどマイナスの電荷をもつ電子が電気的な反発のために、一つの軌道に二つしか存在できないと書いた。ならば、非常に狭い原子核の中に、プラスの電荷をもつ陽子が多数存在できるのはなぜだろうか？　陽子が増えて原子番号の大きな原子ほど、電気的な反発力でバラバラになりやすいのではないか？

実は、原子核の内部には、それを防ぐ巧妙なしくみが備わっている。核力とよばれる非常に強い引力がはたらいているのだ。核力は、陽子どうしの電気的な反発力より桁外れに大きいので、原子核の内部に多数の陽子が存在できるというわけだ。

原子番号6の炭素の原子核には陽子が6個存在する。同位体を除き、ほとんどの炭素では中性子も6個存在するので、炭素原子を6×10^{23}個集めると12gになる。原子核には、原子番号の陽子に加え、それと同数の中性子をもつものが多いので、6×10^{23}個の原子の重量は、水素を1としたとき、その原子番号の倍であることが多い。そこで、水素を1としたときの原子の重量を原子量という。原子番号7の窒素は原子量14、原子番号8の酸素は原子量16といった具合である。なお、原子量は単位をつけない無名数の一つで、gはつかないことに注意されたい。

酸素原子を6×10^{23}個集めると16gになる。現実には、酸素原子はすぐに二つが結合して酸素分子（O_2）になるので、水素、炭素、窒素の各原子と同様、酸素原子を原子の状態のまま大量に集めることはできない。水素は水素分子（H_2）、窒素は窒素分子（N_2）、炭素は大きな集合体を形成する。通常は分子のかたちでしか存在しないことから、水素分子、窒素分子、酸素分子は、水素、窒素、酸素と「分子」をつけずによぶのが通例となっている。なお、6×10^{23}個は化学における基本的な数字で、発見者にちなんでアボガドロ数とよばれている。

電子のふるまいに注目せよ——周期表からわかること

中性子とは異なり、電子はつねに陽子と同じ数、すなわち原子番号の数だけ存在し、炭素では6個である。この6個は、どのように存在しているのだろうか？

化学反応では原子核自体は変化しないため、電子のふるまいが重要になる。まず、2個の電子

1							2
H 水素							He ヘリウム
1							2
3	4	5	6	7	8	9	10
Li リチウム	Be ベリリウム	B ホウ素	C 炭素	N 窒素	O 酸素	F フッ素	Ne ネオン
1	2	3	4	5	6	7	8
11	12	13	14	15	16	17	18
Na ナトリウム	Mg マグネシウム	Al アルミニウム	Si ケイ素	P リン	S イオウ	Cl 塩素	Ar アルゴン
1	2	3	4	5	6	7	8

表2-2　元素の周期表（第三周期までを示す。各枠内は上から、原子番号、元素記号と名前、最外殻の電子数）

は原子核にいちばん近い軌道に存在する。太陽系でいえば、水星の周回軌道に2個の電子が回っている状態である。一つの軌道に電子は二つまでしか入れないので、いちばん内側の軌道にはもうこれ以上電子は入れない。

そこで、残り4個はその外側の軌道に入ることになる。外側は広いので、場所が重複しないかたちで四つの軌道をつくることができる。この点において、ミクロの世界は太陽系とは異なる特徴をもっている。

一つの軌道に二つまで電子を収容できるので、四つの軌道があれば、計八つまで電子を収容できる。表2-2に示すように、二番めの空間を占める四つの軌道に電子が入る元素は、原子番号が3のリチウム（Li）、4のベリリウム（Be）、5のホウ素（B）、6の炭素（C）、7の窒素（N）、8の酸素（O）、9のフッ素（F）、10のネオン（Ne）の八つである。いちばん外側の四つの軌道に入る電子のことを最外殻電子というが、表2-2にはその数も示した。

一番めの軌道に二つの電子が入ったあと、二番めの四つの軌道に電子が順番に、1、2、3、4、5、6、7、8と入っていき、ネオンで二番めの四つの軌道も満杯になる。この二番めの四つの軌道を最外殻として使う元素に、私たち生命にとって重要な炭素、窒素、酸素が含まれていることを心にとめておいてほしい。

ネオンの次の原子番号11がナトリウム（Na）で、さらに外側の三番めの空間にできる四つの軌道が最外殻になり、そこに電子が一つ入っている。三番めの最外殻にも、順に電子が八個まで入る。マグネシウム（Mg）、アルミニウム（Al）、ケイ素（Si）、リン（P）、イオウ（S）、塩素（Cl）とつづいて、原子番号18のアルゴン（Ar）で三番めの最外殻も満杯になる。ここまでの各元素を、表2-2の周期表に示した。最初のHとHeを第一周期、LiからNeまでを第二周期、NaからArまでを第三周期とよんでいる。

8まで数える――有機化学の重要ナンバー

100種類以上も存在する元素だが、原子はそもそも、陽子や中性子をもつ水素、重水素、ヘリウムなどが宇宙で次々に核融合を繰り返して生成したものである。構成する粒子はどれも3種類で、その数が違うにすぎない。中性子と陽子の重さはほぼ同じだが、これは、先に述べたように中性子から小さな電子が出ていってマイナスの電荷がなくなるとプラスの電荷をもつ陽子に変換することを考えると理解しやすい。

さて、宇宙誕生初期には、比較的軽い元素が存在していたが、私たち生命は主にそれら軽い元素を使って誕生した。ただし、発がん性のあるベリリウムや毒性の強いホウ素は使っていない。生体内には鉄やコバルトなどの重い原子もあるが、これらは超新星爆発によって生成した元素である。

前述のとおり、体内の化学反応のレベルでは原子核が変化することはなく、最外殻の電子の組み換えのみが起こる。そのため、最外殻に電子がいくつあるかが重要であり、とりわけ水素の1、炭素の4、窒素の5、酸素の6が重要な数字となる。最外殻は8で満杯なので、8という数字もまた重要な役割を果たす。逆にいえば、8まで数えることができれば有機化学は簡単に理解できる。

さて、水素分子を例に説明したように、Xという原子とYという原子が結合するとき、XとYは、お互い1個の電子を出し合って、二つの電子（電子対）で共有結合をつくる。電子を「・」で表すと、XとYは、「X:Y」というように、プラスの電荷をもつ両者の原子核が、マイナスの電荷をもつ電子対をお互いに引き合うことによって結合している。

最外殻電子の数は原子ごとに決まっているので、各原子の共有結合の数は先に紹介したように原子ごとに決まっている。水素は電子が1個しかないので、共有結合は一つしかつくれない。したがって、水素と結合する数を見ることで、各原子の共有結合の数がわかる。

炭素の最外殻電子は4個である。図2－3に炭素の電子を「◆」で、水素の電子を「•」で示すと、炭素は4個の電子を使って、四つの共有結合をつくることがわかる。これを化学式では、CH_4（メタン）と表す（図2－3左）。窒素は最外殻に五つの電子をもっているので、それを◆で、水素の電子を•で示すと、図2－3中央のNH_3（アンモニア）になり、窒素は三つの共有結合をつくることがわかる。同様に、酸素は最外殻に六つの電子をもつので、図2－3右に示すようにH_2O（水）になり、結合の数が二つであることがわかる。

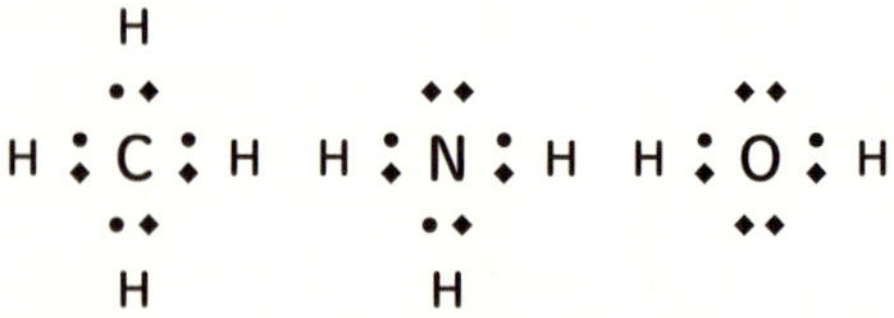

図2-3　メタン、アンモニア、水の電子配置

もう一つ重要な点として、これらの炭素、窒素、酸素を見ると、いずれも周囲に八つの電子が集まっている。つまり、最外殻の電子が八つになるまで（満杯になるまで）、結合をつくれるということだ。先に8の重要性を指摘したのはこのためである。

また、図2－3における水素は、どれも2個の電子をもち、ヘリウムと同じ最外殻電子数になっている。最も小さくて軌道が一つしかない水素は、これで満杯である。

反対に、最初から八つの最外殻電子をもつネオンは結合をつくることができず、まったく化学反応をしない。

さまざまな炭素のつながり方

炭素がつくる化合物をさらにいくつか見てみよう（図２－４）。

まず、炭素を含む最も構造の簡単な分子として、先に出てきたメタンがある（図２－４⑴）。メタンは、四面体の四つの頂点に水素が存在し、炭素は四つの水素から等距離にある。炭素と水素の結合を「—」で示してあるが、この記号は電子対を表している。炭素と水素の距離は０・１nm（ナノメートル：10^{-9}m＝10億分の１m）で、H—C—Hの角度は１０９・５度である（実測値）。

メタンは天然ガスの主成分として、燃料に使われる（式２－２）。この式は、1分子のメタンが2分子の酸素（O_2）と反応して、1分子の炭酸ガス（CO_2）と2分子の水を生成し、熱エネルギーを放出することを示している。

式２－２の左辺と右辺を見ると、両辺でそれぞれの原子の数が同じであることがわかる（炭素は一つ、水素と酸素は四つ）。このように、化学反応の前後で原子や電子の数が変化することは

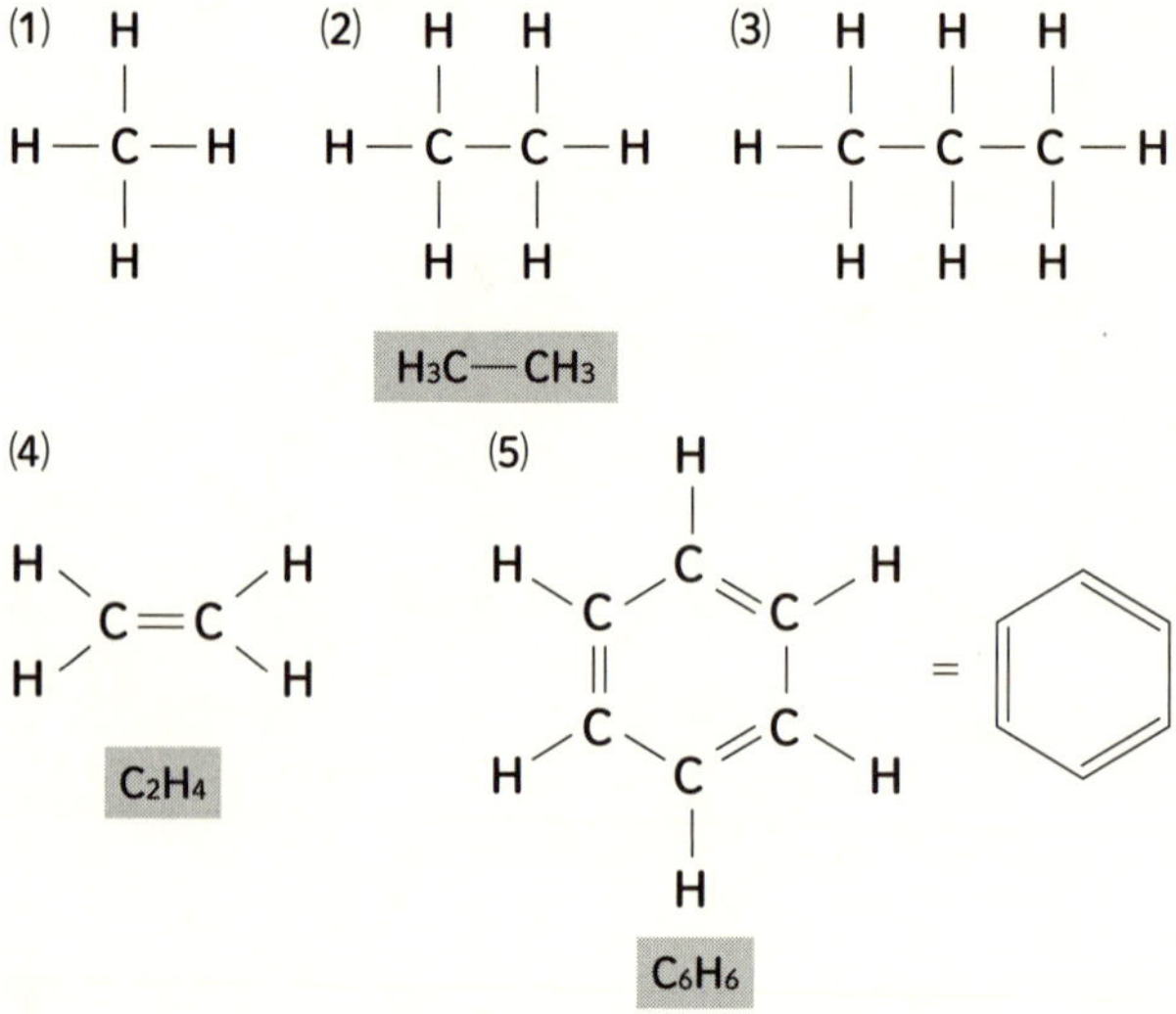

(1) メタン (2) エタン $H_3C—CH_3$ (3) プロパン (4) C_2H_4 (5) C_6H_6

図2-4　メタン、エタン、プロパン、エチレン、ベンゼンの構造

なく、起こるのは原子と電子の組み換えだけである。これを質量保存則といい、化学の基本的な法則となっている。

炭素が二つ結合した炭化水素が、エタン（C_2H_6）である（図2－4(2)）。エタンは構造図の下に示したように、メチル基（$-CH_3$）が二つ結合したかたちでも書ける。炭素が三つ結合するとプロパンになる（図2－4(3)）。これも燃料として使われている。

ところで、炭素どうしが結合するとき、必ずしも一つの結合（単結合）だけでつながるとは限らない。図2－4(4)に示すエチレン（C_2H_4）のように、炭素と炭素が二重結合する場合もある。一つの結合は電子対一つで形成されるので、

式 2-2　$CH_4 + 2O_2 \rightarrow CO_2 + 2H_2O +$ 熱エネルギー

二重結合は合計四つの電子を使って強い結合を形成している。どのように結合しても、炭素の結合の総数は４で変わりない。

私たちの細胞膜を構成する脂肪酸は、14～26個程度の炭素が鎖のように連なった部分をもち、その中に二重結合を含むものがある。このような脂肪酸を、不飽和脂肪酸とよぶ。ここでいう不飽和とは、「水素が飽和していない」という意味である。たとえば、エチレンの二重結合に水素を結合させるとエタンになる（$C_2H_4 + H_2 \rightarrow C_2H_6$）ので、エチレンは水素で飽和されていないことになり、不飽和とよばれる。

〝亀の甲〟登場！――苦手意識を払拭しよう

炭素が結合するとき、必ずしも直線状に伸びていくとは限らない。

図２－４⑸のように、六角形に並んで、三つの二重結合をもつ場合もある。これをベンゼン（C_6H_6）という。化学式の象徴的な存在として〝亀の甲〟とよばれるのが、このベンゼン環分子である。炭素が六角形に並んだだけと思えば、恐るるに足らず、ではないだろうか。

ところで、図２－４⑸の左側には、炭素も水素もすべて示してあるが、大きな分子を書くときにこの書き方をするのはいかにも煩雑である。有機化学は炭素と水素が多出するので、この二つの原子は省略して、図2-4(5)の右側のように示すのがふつうである。六角形の各頂点に炭素が存在し、それぞれの炭素は隣接する炭素と計三つの結合をしている（二重結合＋単結合）。残る一つの結合相手が水素であり、この水素も省略されている。

ここで、バイプレーヤーの一人である酸素（O）にご登場願おう（図2-5）。

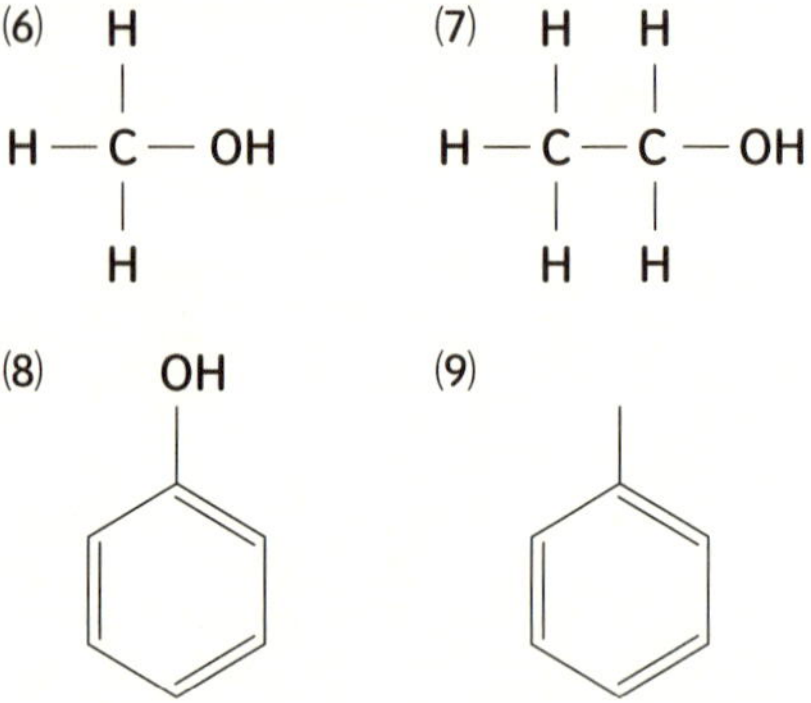

(6) H—C(H)(H)—OH　(7) H—C(H)(H)—C(H)(H)—OH　(8) OH　(9)

図2-5　メタノール、エタノール、フェノール、フェニル基の構造

図2-5(6)には、メタンの四つの水素のうちの一つが水酸基（-OH）と置き換わった分子が示されている。このような置き換えを化学では置換とよび、水素が水酸基に置換された分子をメチルアルコールまたはメタノールという。

水酸基のような原子のグループを官能基という。メタノールは毒性が強く、密造ウイスキーに入っていて中毒を起こす事件が、世界では今でもときどき発生している。日本でも、第二次世界大戦後にときどき起こったといわれている。メタノールによる中毒では、体内の酵素による酸化反応でメタノールが蟻酸（ぎさん）へと変化し、目に毒性を示すとともに、血液が酸性になる酸性血症を引き起こす。昏睡（こんすい）状態になって、死亡することもある。

図2－5(7)では、エタンの水素のうち一つが水酸基に置換されているが、これをエチルアルコールまたはエタノールとよぶ。エチル基（C_2H_5-）に水酸基が結合したものである。お酒に含まれているので、私たち人類にはなじみ深い存在である。一般に、水酸基をもつ分子のことをアルコールとよぶが、単にアルコールという場合にはエタノールを指す。アルコール性肝炎は、お酒の飲み過ぎによる肝炎を意味しており、一種の中毒症状である。

化合物の命名法は系統的になっていて、炭化水素のメタン（methane）、エタン（ethane）を基本に、水酸基を得てアルコール（alcohol）になると、いずれも最後の「e」をアルコールを意味する「ol」に替えて、メタノール（methanol）、エタノール（ethanol）になる。炭素が三つの場合には、プロパンがプロパノールになるといった具合である。

炭素一つで性質が激変

図2－5(8)に示す分子は、ベンゼンに水酸基が置換している。このような分子をフェノールという。図2－5(9)のように、ベンゼン環が置換基になる場合をフェニル（phenyl）基とよぶが、フェニル基のアルコールなのでフェノール（phenol）なのである。

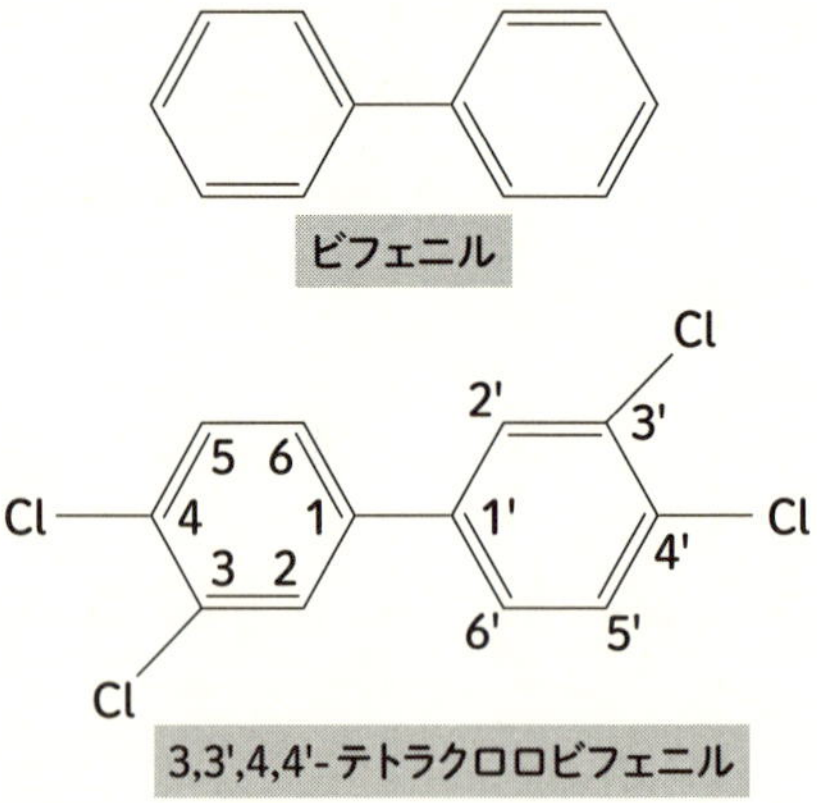

ビフェニル

3,3',4,4'-テトラクロロビフェニル

図2-6　ビフェニルとPCBの一種3,3',4,4'-テトラクロロビフェニル

近年、健康との関連からポリフェノールという分子が注目されている。ポリは「多数」という意味であり、ベンゼン環に2個以上の水酸基をもつ天然物が健康食品として注目されている。

その代表が、赤ワインに含まれるブドウの皮由来のレスベラトロールという化合物である。フランス人は肉食が多いのに心臓血管系の病気が少ないとされ、これを「フレンチパラドックス」という。その理由が、赤ワインに含まれるレスベラトロールなどのポリフェノールであるという仮説であり、その真偽をめぐって世界中で研究が行われている。

図2‐6に示す、フェニル基が二つ結合した分子がビフェニルである。化学における「ビ」は2を意味する。このベンゼン環に多くの（ポリ）塩素（Cl）が置換したものがポリ塩化ビフェニル（PCB）で、図2‐6の下側にその一例を示した。41ページ表2‐2に示したように、塩素の最外殻電子数は7なので、共有結合は一つしかつくれない。なお、テトラは4、クロロは塩素

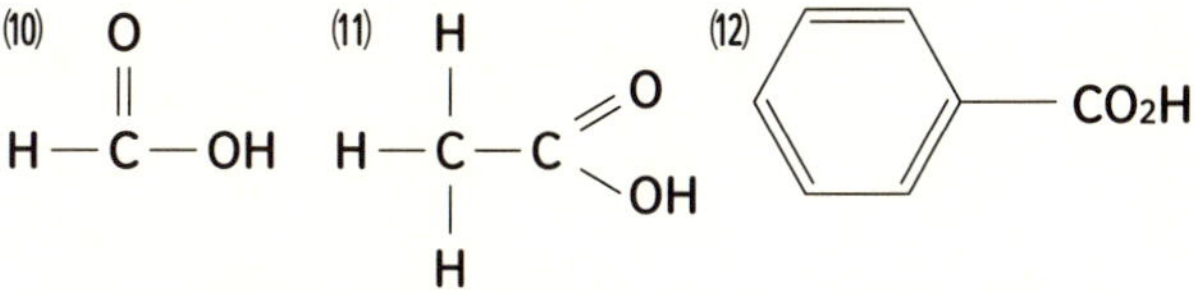

図2-7　蟻酸、酢酸、安息香酸

式2-3　$CH_3COOH \rightleftarrows CH_3COO^- + H^+$

を意味する。

図2－7に、カルボキシル基（$-CO_2H$）をもつカルボン酸（炭素の酸）の例を示す。図2－7⑽は炭素が一つの最も簡単な構造をした蟻酸であり、その名のとおり蟻（あり）やムカデがもっている。メタノール中毒の箇所でも登場したが、酸性のために刺激が強く、噛まれると痛いのはこの蟻酸のせいである。

図2－7⑾は、炭素が二つあるカルボン酸の酢酸で、調味料のお酢にも3～5％含まれている。炭素の数が一つ違うだけでも、蟻酸とは性質が相当に異なることがわかるが、実は純粋な酢酸の刺激もなかなかに強烈である。図2－7⑿では、ベンゼンにカルボキシル基が置換しているが、これを安息香酸という。安息香酸は、食品添加物の保存料として使われている。

ところで、酸というのは、水の中で水素イオン（H^+）を出すことができる化合物を指している。酢酸の場合、式2－3のようになる。矢印が左右両方を向いているのは、どちらの

⒀ ⒁ ⒂ ⒃

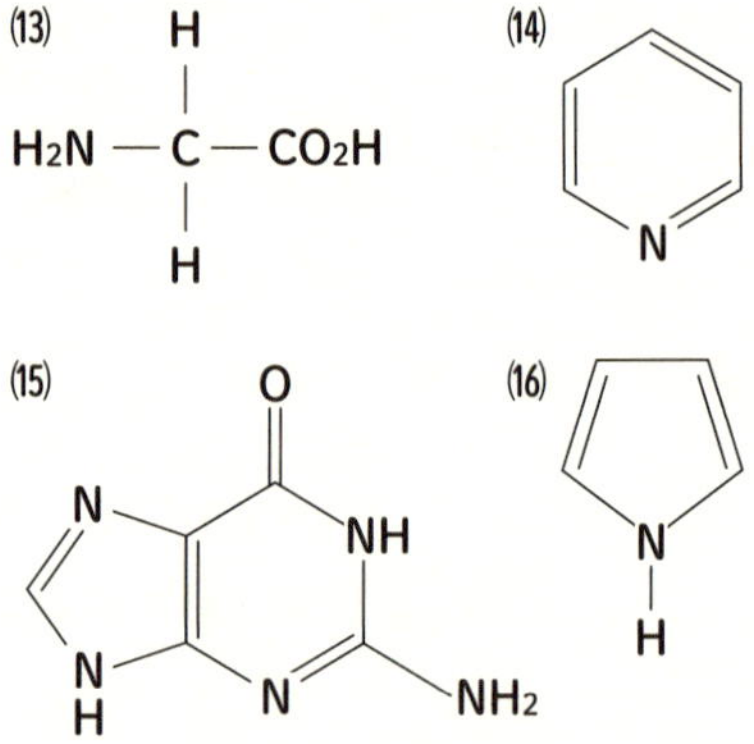

図2-8　グリシン、ピリジン、グアニン、ピロール

方向にも反応が進むことを示している。水素イオンは、水素原子から電子が取れたもので、陽子そのものである。

先にも紹介したとおり、陽子はごく小さく、決して肉眼で見ることはかなわないが、すっぱいという感覚によって舌で感じることができるのは面白い。

周期表の妙

つづいては窒素（N）の出番だ（図2－8）。

窒素は、基本的に三つの共有結合をつくることができ、アミノ基（$-NH_2$）を基本としている。図2－8⒀は、炭素にアミノ基とカルボキシル基が置換している。アミノ基と酸がついていることからアミノ酸とよばれるが、ここに示したのは最も小さなアミノ酸であるグリシンである。

図2－8⒁は、ベンゼンの六つの炭素のうち一つが窒素に置換されたもので、ピリジンという。ピリジンは、ビタミンB_6やニコチンアミド、さらには有毒な除草剤パラコート（142ページ参照）にも含まれている。図2－8⒂は、遺伝子の本体であるDNAを構成する四つの核酸塩基の

一つ、グアニンである。核酸塩基には、すべて窒素が含まれている。さらに、図２－８⒃はヘモグロビンのヘム（112ページ図５－１参照）の基本単位であるピロールである。

次にイオウ（Ｓ）がつくる化合物を見ていく（図２－９）。

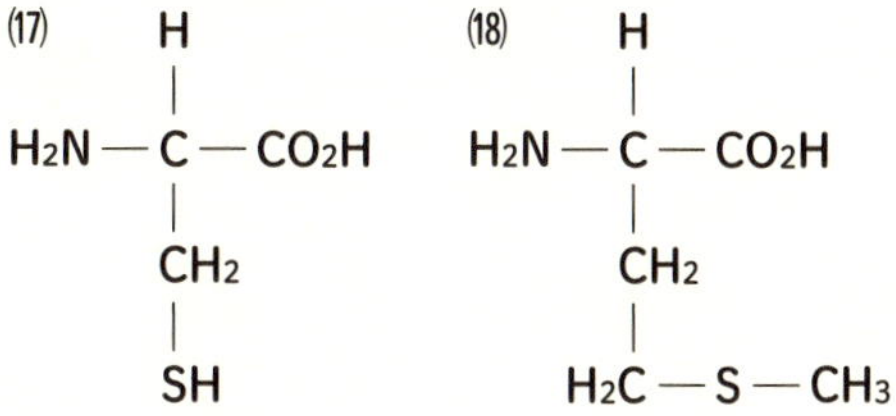

⒄

$$H_2N-\overset{\displaystyle H}{\overset{|}{C}}-CO_2H$$
$$|\ CH_2\ |\ SH$$

⒅

$$H_2N-\overset{\displaystyle H}{\overset{|}{C}}-CO_2H$$
$$|\ CH_2\ |\ H_2C-S-CH_3$$

図2-9　システイン、メチオニン

図２－９⒄にはチオール基（-SH）をもつアミノ酸であるシステイン、⒅にはイオウを含むメチオニンを示した。メチオニンは必須アミノ酸であり、食物から摂取しなければ生命を維持することができない。システインは、体内の酵素によってメチオニンなどから化学的に合成できるため、必須アミノ酸には含まれない。

最後にリン（Ｐ）だが、体内におけるリンは、ほとんどが五つの結合をもつリン酸のかたちで存在する。これまでのバイプレーヤーたちとは異なり、有機化合物としてではなく、リン酸カルシウムのかたちで骨に存在するものが最も多いという特徴をもっている。

有機化合物としてのリンは、ＤＮＡや生体膜脂質の構成成分として重要である。代表例として、私たち生物のエネルギーそのものであるアデノシン5′－三リン酸（ＡＴＰ）の構造を図２－10に示す。

ＡＴＰは、核酸塩基のアデニンがリボースという糖に結合して、リ

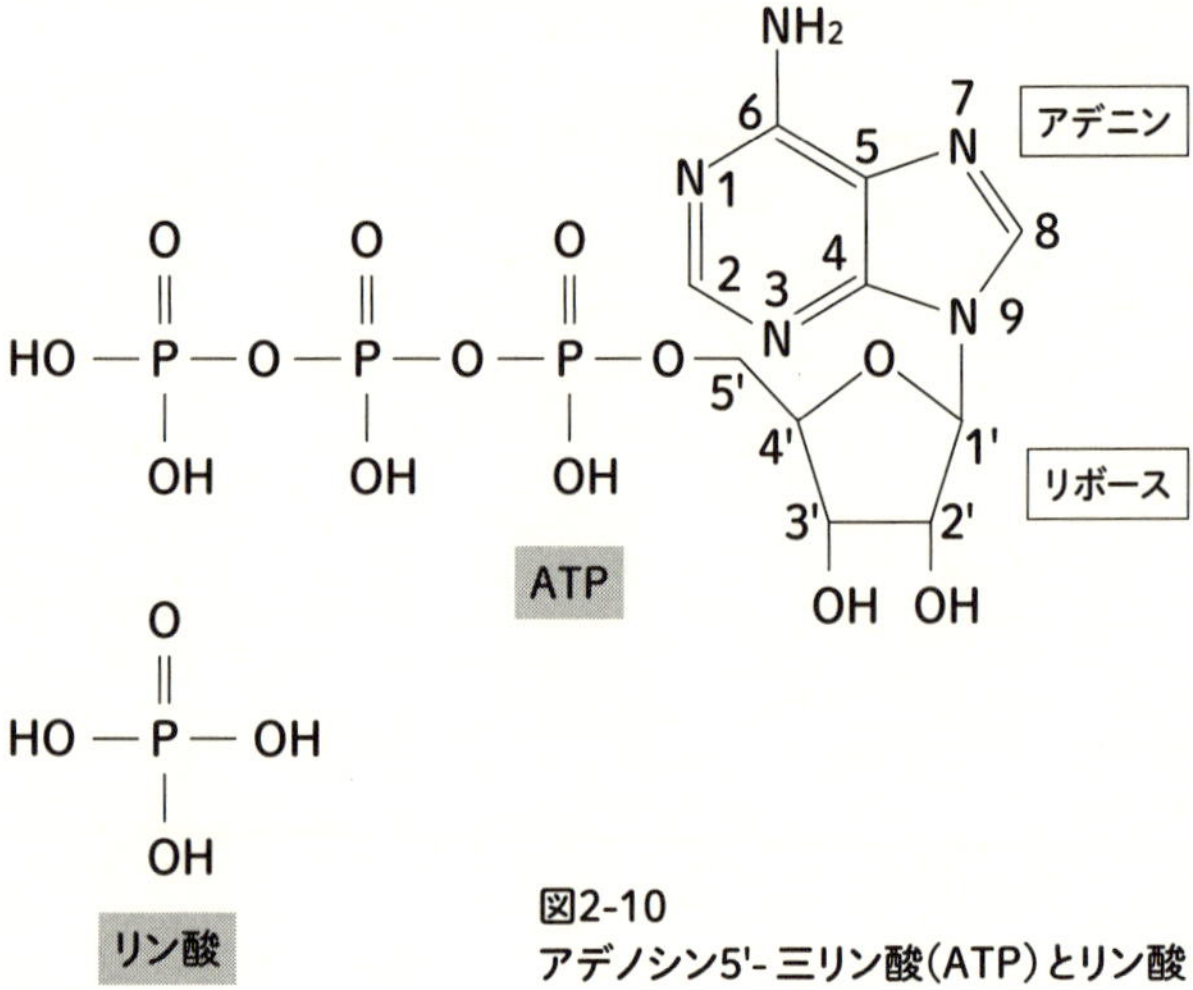

図2-10
アデノシン5'-三リン酸（ATP）とリン酸

ボースの5′の位置に、図2－10の左下に示したリン酸が三つ結合したものである（ATPの「T」は、3を意味するトリ〈tri〉の略）。置換基の位置を示すために、炭素や窒素に番号を割り当てるが、アデニンの場所は通常の数字を用いて示し、リボースの炭素を表すには5′のように「′」をつける慣例となっている。

　ATPのリン酸とリン酸の間にある「P—O—P」という結合にエネルギーが蓄積されていて、生物はこのエネルギーを利用して生命を維持している。

　ここでもう一度、41ページ表2－2を見てほしい。

　ヘリウムは原子番号2だが、いちばん内側の軌道は電子が2個しか入らないのですでに満杯であり、軌道が電子で満杯になっている原子が並ぶ最も右の欄に記載されている。第二、第三周期では軌道は四つあり、計8個まで電子が入るので、8列になっている。

この表を縦に見ると、第二周期から最外殻の電子の数が等しくなっている。第二周期は、リチウム（Li）の1個から順に1個ずつ最外殻電子が増えて、フッ素（F）で7個になる。第三周期も同様に、ナトリウム（Na）の1個から順に最外殻電子が増えて、塩素（Cl）で7個になる。

先にも紹介したとおり、化学反応の本質は最外殻にある電子の組み換えにあるので、最外殻の電子数が同じ元素どうしは、化学反応における反応性が似ている。そのため、反応性が周期性を示すということで周期表とよばれるようになった。いちばん右側の希ガス（稀ガス、貴ガスとも）は、最外殻が満杯なので化学反応しない。

コラム2

物の長さの単位

これまで、小さな数字を示す接頭辞がいくつか出てきた。接頭辞はすべての単位で共通なので、メートルを例に、表2－11にまとめておく。

接頭辞は3桁（1000倍）ごとに変化する。基本となる1mは個体の大きさのスケールで

10^{12}m : 1,000,000,000km	太陽系 (太陽—冥王星:60億km)
10^{9} m : 1,000,000km	惑星—衛星 (地球—月:38万km)
10^{6}m : 1,000km	国、地球
10^{3}m (km) : キロ	都市
1 m	個体
10^{-3}m (mm) : ミリ	臓器
10^{-6} m (μm) : マイクロ	細胞
10^{-9}m (nm) : ナノ	分子

表2-11　長さの単位

ある。その1000分の1のmm（ミリメートル）は臓器の大きさ、その1000分の1のμm（マイクロメートルまたはミクロン）は細胞の大きさのスケールである。ちなみに、赤血球の直径は7μm程度である。μmの1000分の1はnm（ナノメートル）で、これは分子の大きさである。たとえば、酸素（O_2）のO—Oの距離は0・12nmである。

　大きいほうに目を移すと、1000mが1kmで、都市の大きさのスケールである。以降、1000倍ごとに国や地球、さらには惑星—衛星間から太陽系スケールとなる。表全体を見渡すと、3桁ごとに世界が大きく変わっていくようすがよくわかる。

　核酸1個の大きさは0・3nm、ヒトのDNAは約30億個の塩基対からなるので、全長は約1mである。受精卵にはこのDNAが一組含まれるだけだが、誕生時の細胞数は60兆（6×10^{13}）

個にもなる。一つの細胞に1mのDNAが一組ずつ入っているので、すべてをつなぎ合わせると、6×10^{13}mになる。実に、太陽から冥王星までの5往復分である。

つまり、ヒトの赤ちゃんは、受精から誕生までに二重らせんのDNAを太陽系5往復分もの長さで合成しているのだ。それ以外にも、RNA（リボ核酸）やタンパク質を合成しなければならない。DNAやRNAの塩基1個をつなぐのにATPが3分子必要であり、タンパク質の合成でアミノ酸を1個つなぐにはATP1分子が消費されるので、想像を絶するほど大量の酸素や栄養素が必要であることがわかるだろう。

ナノの1000分の1、つまり1兆分の1がピコ（p）、その1000分の1がフェムト（f）、さらにその1000分の1がアト（a）である。原子核の直径は1fm（10^{-15}m）ほどなので、原子の直径の10万分の1（10^{-5}）である。つまり原子は、ほとんど電子が存在する真空に近い空間で占められている。体積は長さの比の3乗なので、原子に占める原子核の体積は、10^{15}分の1になる。原子核だけが集まるブラックホールの密度が巨大になるのも理解できる。

第3章

中毒の科学

——化学物質の毒性をどう評価するか

中毒学事始め

人と「毒」の関わりは、長い歴史をもっている。

ソクラテスはドクニンジンの汁をあおって自殺したと伝えられ、その致死量を知っていたとされる。ルネサンス期のスイスの医師パラケルススは、「すべての物質は毒であり、毒にならないものはない。しかし、適当な量を使えば薬にもなる」という意味の言葉を遺している。

パラケルススがいうように、どんな物質も、過剰に摂取すれば毒になりうる。私たちが「毒」というとき、それは、比較的少量でも毒性をもつ物質を指している。そのような毒の作用機構、作用量、解毒機構などを研究する学問が中毒学である。化学物質による毒性発現機構もその解毒も、すべて生体成分と毒物の間の化学反応によって行われる。これらの化学反応の詳細を明らかにしていくことが、中毒学の一つの目的である。

地球上には、私たち人間が合成した化合物を含め、2000万種をはるかに超える化学物質が存在している。個々の化合物の毒性でさえ、動物実験で評価するのはきわめて困難である。まして、複数の化学物質の組み合わせによる影響を評価するのは不可能といっていい。

世界中で商業的に生産されている物質は、約10万種類といわれる。一口に毒性といっても、すぐに想像できるものだけで、臓器に対する障害、発がん性、催奇形性など、多種多様である。化合物の構造を見るだけでその毒性を正確に評価できるようになれば、リスク評価や予防対策を講じるうえできわめて有用である。中毒学の目指すところは、まさにこの点にある。

毒性は種や個体間で変化する

毒物や医薬品の効果を評価するとき、それらの投与量を体重1kgあたりの㎎数（㎎／kg体重、略して㎎／kg）という単位で表し、用量（dose）という。

たとえば、体重60kgの人がある薬品を60㎎摂取すると、用量は1㎎／kgになる。小児の医薬品の服用量が成人に比べて少ないのも、一般的にいって相撲の力士が酒に強いのも、薬物の効果が体重あたりで決まるからである。表面積1㎡あたりという単位も使われることがあるが、身長と体重から表面積を求めるには何通りかの式があり、複雑になる。動物の場合はさらに複雑となって、体重のほうがより簡単に測定できるため、体重1kgあたりが汎用されている。

毒物や医薬品の用量と、効果の強さとの関係を概念的に示したのが図3－1である。このような対応関係を「用量－反応関係」とよぶ。横軸に㎎／kgで表される用量がとられ、縦軸に生体側の反応がとられている。通常、低用量では効果は現れないが、用量の増加とともに何らかの反応が現れてくる。この曲線を用量反応曲線という。

反応が現れない最大の用量を、最大無作用用量または無有害作用用量（NOAEL：no observed

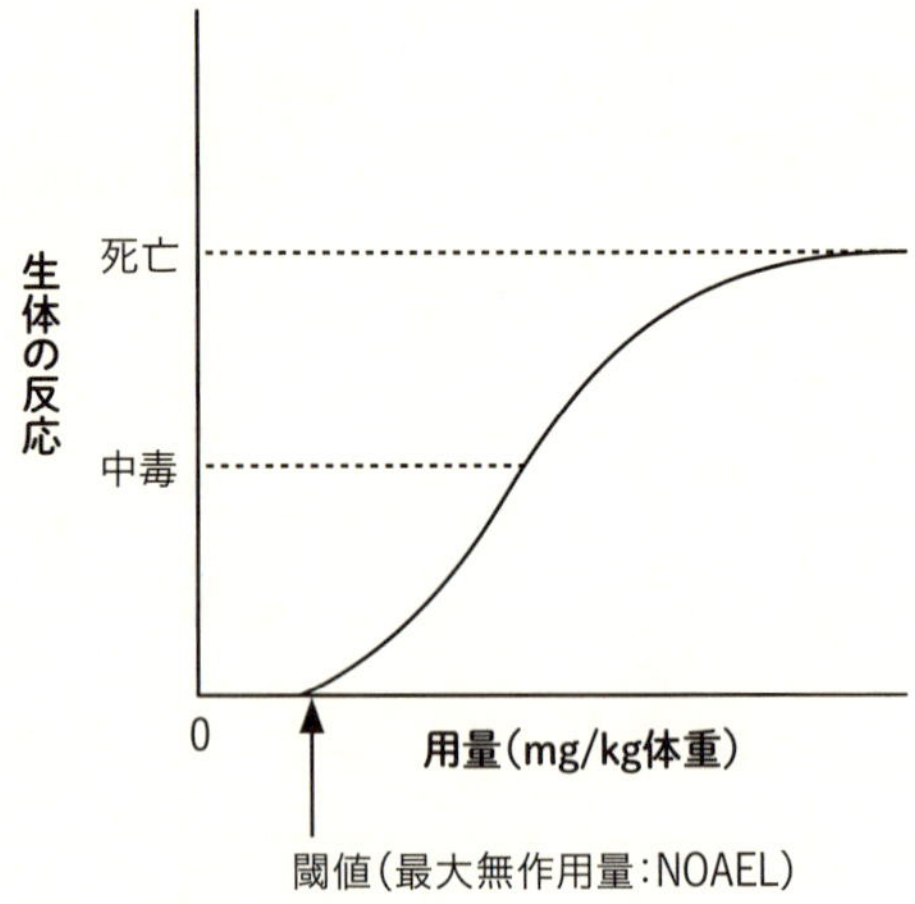

生体の反応
死亡
中毒
0
用量（mg/kg体重）
閾値（最大無作用量：NOAEL）

図3-1　用量反応曲線

adverse effect level）とよぶ。この値は閾値ともいわれ、食品添加物や農薬などの化学物質の毒性を評価するうえで重要な役割を果たす数値となっている。

閾値を超えたところで、何らかの有害な臨床症状が現れるのが「中毒」である。医薬品では、ある用量を超えたところで好ましい治療効果が失われ、やがて中毒、副作用を引き起こす。さらに用量が増えると、死にいたるケースもある。

食品添加物の場合には、ヒトが生涯にわたって毎日摂取することができる体重１kgあたりの用量を許容一日摂取量（ＡＤＩ：acceptable daily intake）というが、その国際的な基準は、ＦＡＯ／ＷＨＯ（国連食糧農業機関／世界保健機関）によって決定されている。ＡＤＩは、マウスなどを用いた動物実験から得られる最大無作用量を、安全係数で除すことで求められる。安全係数は通常、１００である。毒性が現れるかどうかは、マウスとヒトという種差に加え、ヒトの間にも個体差があることから、それぞれを10として掛け合わせ、計100としている。このような係数が使われるのは、ヒトによる実験が不可能だからである。

なお、環境汚染物質では耐容一日摂取量（TDI：tolerable daily intake）を用いるが、これは食品添加物や農薬とは異なり、ヒトが摂取することが前提とされていない物質だからである。特殊な例として、放射性物質や発がん剤の一部には閾値は存在せず、原点（すなわち0）から用量に比例した影響が表れると考えられている。

中毒学において、ここに述べた種差はきわめて重要である。哺乳類どうしであれば、DNAの大きさやタンパク質の種類、体を成り立たせている機構等がほとんど同じであるため、ラットやマウスが医学研究においてよく用いられる。

しかし、それでもなお、代謝経路が異なることが稀（まれ）にある。たとえば、クロフィブレートのようなペルオキシソーム増殖剤は、マウスでは肝臓がんを引き起こすが、ヒトではそうした作用はなく、脂質異常症の治療に使われている。幸運な種差の例だが、これとは逆のケースもあるので、動物実験の結果をヒトに適用する際には十分な注意が要求される。

個体間の差もまた、重要である。動物実験では、遺伝的にほとんど均一なラットやマウスを用いるが、それでもなお大きな個体差が認められている。まして私たちヒトは、遺伝的素因はもちろん、食習慣を含めた生活習慣全般にわたって大きな差があるので、事情はさらに複雑である。

食品添加物への考え方

食品添加物は、食品衛生法第4条で「食品の製造の過程において又は食品の加工若しくは保存の目的で、食品に添加、混和、浸潤その他の方法によつて使用する物」と定められている。

2016（平成28）年10月現在、日本では、指定添加物（ソルビン酸やキシリトールなど安全性と有効性が確認され、国が使用を認めたもの）454品目、既存添加物（クチナシ色素やカラメル、ペクチンなど、我が国においてすでに広く使用され、長い食経験があるものについて、例外的に使用が認められているもの）365品目、天然香料基原物質（バニラ香料やカニ香料など、植物や動物を起源とし、着香の目的で使用されるもの）約600品目、一般飲食物添加物（イチゴジュースや寒天など、通常は食品として用いられるが、食品添加物として使用されるもの）約100品目の、計1500品目ほどが指定されている。

指定添加物は、食品衛生法第10条によって、厚生労働大臣が定めたもの以外の製造や輸入、使用、販売等が禁止されている。新たに食品添加物を製造・販売しようとすれば、すべて食品安全委員会による審査を経て、厚生労働大臣の指定を受けなければならない。いったん指定されても、ヒトの健康を損なう可能性が確認されたり、流通実態がないときは指定添加物名簿から削除

種類	目的と効果	添加物の例
甘味料	食品に甘みを与える	キシリトール、アスパルテーム
着色料	食品を着色し、色調を調整する	クチナシ黄色素、コチニール色素
保存料	カビや細菌などの増殖を抑制、食品の保存性を向上	ソルビン酸、白子タンパク抽出物
増粘剤、安定剤、ゲル化剤	食品に滑らかな感じや粘り気を与え、安定性を向上	ペクチン、カルボキシメチルセルロースナトリウム
酸化防止剤	油脂などの酸化を防ぎ、保存性をよくする	エリソルビン酸ナトリウム
発色剤	ハム・ソーセージなどの色調・風味を改善する	亜硝酸ナトリウム、硝酸ナトリウム
漂白剤	食品を漂白し、白く、きれいにする	亜硫酸ナトリウム、次亜硫酸ナトリウム
防カビ剤	輸入柑橘類などのカビの発生を防止する	オルトフェニルフェノール
香料	食品に香りをつける	オレンジ香料、バニリン
酸味料	食品に酸味を与える	クエン酸、乳酸
調味料	食品にうま味などを与え、味を調える	L-グルタミン酸ナトリウム
乳化剤	水と油を均一に混ぜ合わせる	植物レシチン
pH調整剤	食品のpHを調整し、品質をよくする	DL-リンゴ酸、乳酸ナトリウム
膨張剤	ケーキなどをふっくらさせ、ソフトにする	炭酸水素ナトリウム、焼ミョウバン

表3-2　食品添加物（厚生労働省の資料より）

食品添加物	一日摂取量（mg／人／日）	ADI（mg／kg体重／日）	一人あたりの一日摂取許容量（mg／人／日）	対ADI比（%）	調査年度（平成）
アスパルテーム	0.019	40	2344	0.001	23
ソルビン酸	5.272	25	1465	0.36	24
オルトフェニルフェノール	0	0.4	20	0	16
食用赤色3号	0.004	0.1	6	0.07	24
食用赤色102号	0.025	4	234	0.01	24
食用黄色4号	0.223	7.5	440	0.05	24

体重は20歳以上の平均体重≒58.6kgとする

表3-3　食品添加物の一日摂取量と許容一日摂取量（ADI）との比較
（厚生労働省）

される。２００４年には、アカネ色素がヒトの健康を損なうおそれがあるとして削除された。表３－２に、食品添加物の種類、目的と効果、例を示す。

日本人が現在、どのくらいの食品添加物を摂取しているのかが気になるところだが、厚生労働省のホームページに調査結果が公表されている。マーケットバスケット方式による、いくつかの食品添加物のＡＤＩと日本人の摂取量を表３－３にまとめた。

マーケットバスケット方式とは、スーパー等で売られている食品を購入して、その中に含まれる食品添加物の量を分析した結果に、国民健康・栄養調査に基づく食品の喫食量を乗じて摂取量を求めるものである。

表３－３には摂取量の多いものを抽出して載せてあるが、それでも対ＡＤＩ比が１％を超えるものはなく、現時点での平均的な食生活を一生涯にわたってつづけても、どれか特定の食品添加物単独で大きな健康被害が起こることは考えにくい。

食品添加物という言葉を耳にしただけで漠然とした不安をもつ人が多いようだが、その使用は法律で厳しく規制されており、食品の保存や調味、着香などに重要な役割を果たしていることは確かである。しいて問題点を挙げるとすれば、現在の動物実験では、いくつかの化学物質を同時に投与したときに起こる変化を厳密に評価することが難しいことがある。

たとえば、お酒を飲むと特定のＰ４５０（後出）が誘導され、これが特定の分子と反応することで発がん剤が生成するといった可能性である。今後、化学物質の相互作用などに関する研究が発展することが望まれる。

急性毒性を示す化合物

化合物の摂取後、24時間程度で効果が現れる毒性のことを急性毒性という。一方、発がんや子孫への影響など、発現に長い時間を要する毒性を慢性毒性という。

62ページ図３－１の縦軸を死亡率にすることで、急性毒性を評価する値が得られる。50％の動である。

表3－4に、いくつかの物質のLD_{50}を示す。LD_{50}は、値が小さいほど強い毒であることを意味している。食塩や鉄など、必須の物質にもLD_{50}がある。たとえば食塩では、体重60kgのヒトが一時に240gの食塩を摂取すると、そのうちの半分が死亡することになる。

エタノールでは、体重60kgのヒトが一時に600gを摂取すると、半数が死亡する。ウイスキーのエタノール濃度は約40%なので、ウイスキーを1・5L、つまり、ボトル2本を短時間で飲めば、半分のヒトが死亡することになる。日本酒でいえば、一升ビン2本程度で同じ結果が生じる。

LD_{50}は、ラットなどの動物実験から得られる数値である。私が実施した経験上では、ラットのほうがヒトよりはるかにアルコールに強い肝臓をもっているので、ヒトはこれより少ない量で死ぬ可能性がある。リスクを高めに見積もって、10人が一升ビンを一気飲みすれば、2～3人程度は死亡する可能性があると考えておいたほうがいいだろう。

表3－4から、ニコチンは青酸カリの10倍、フグ毒では100倍も毒性が強いことがわかる。テトラクロロジベンゾジオキシン（TCDD：構造は188ページ図8－5に示す。一般にダイオキシンといわれるが、化学名はジオキシンである）は、フグ毒より毒性がさらに100倍強い。最

も毒性が強いのはボツリヌス菌がつくる毒素で、これによる食中毒が起こることはめったにないが、いったん起きてしまえばきわめて致命的であることが理解できる。

ボツリヌス菌は嫌気性菌であり、ソーセージなどの製造過程で繁殖する。これを予防するために、加工品に亜硝酸ナトリウムが添加される。亜硝酸ナトリウムは、日本では発色剤の位置づけになっており、肉の中のミオグロビンをニトロソミオグロビンに変換することで赤みを維持する目的で使用されている。しかし、その過剰摂取によって発がんの可能性が生じうるため、食肉1kgあたり0・07gまでという基準値が設けられている。

分子	LD_{50}(mg /kg)
エタノール	1万
食塩	4000
硫酸鉄	1500
シアン化カリウム(青酸カリ)	10
ニコチン	1
テトロドトキシン(フグ毒)	0.1
テトラクロロジベンゾジオキシン(TCDD)	0.001
ボツリヌス毒素	0.00001

表3-4　いくつかの物質のLD_{50}

ボツリヌス毒素は、神経伝達物質であるアセチルコリンの分泌を阻害する強力な中枢神経毒であるが、この性質を利用して筋緊張を来す脳卒中の後遺症の治療などに使われている。この例に見られるように、強い生理活性をもつ自然毒は、病気の治療薬になる可能性を秘めているため、その研究が世界中で行われている。

「カフェインで中毒死」をどう考えるか

２０１５年12月に、眠気を抑えるために習慣的にカフェイン入りの清涼飲料水や錠剤を服用していた若い男性が死亡する事件があった。カフェインには、利尿作用や中枢神経系への作用があることが知られているが、大量に服用すると心臓や肺に障害を起こし、死亡することがわかっている。静脈投与の場合のLD_{50}は、マウスで１０１㎎／kgである。体重60kgのヒトに換算すれば、約６ｇで半数が命を落とす計算になる。

市販のコーヒーやお茶に含まれるカフェインは、多いものでも１００mLあたり１００㎎程度なので、ふつうに飲んでいて毒性が現れるとは考えにくい。ただし、カフェイン含量の高い飲料やカフェインの錠剤も市販されている。毒性の程度には個人差もあり、死にはいたらないまでも、数百㎎で何らかの異常を来す可能性は否定できない。「すべての物質は毒である」というパラケルススの言葉は、ここでも重要である。

62ページ図３－１は、生体異物や医薬品の効果、臓器障害に加え、その他のさまざまな化合物による効果について成立する、基本的かつ重要な関係である。近年、ホルミシス（hormesis）という考えが登場している。たとえ毒であっても、低用量なら体によい場合があると主張するもので、低用量であれば図3−1の曲線グラフがマイナス方向に張り出してU字型を示すとされる。

しかし、それはあくまで特殊例であると考えるべきである。たとえ体によい効果があったとしても、個体差が大きく、各人の最適用量を科学的に決めることは不可能である。過度に重視すべきではない。

たとえば、エタノールは肝障害を起こすが、ほんの少し飲むことで心血管障害や脳卒中のリスクを下げることが疫学調査からわかっている。しかし、アルコールの場合、摂取量が増えれば間違いなく有害な作用が現れる。最適用量も不明確で、もしそれがわかったとしても、守れるかどうかはまた別問題である。

同じような理屈から、放射線を浴びると健康になるという人がいる。しかし、私たちは日常的に自然放射線に曝(さら)されており、あえて放射線を浴びる必要性は考えにくい。

生体に侵入した異物は体のどこへ運ばれるか

消化器や呼吸器、皮膚などを通じて体内に侵入した生体異物は、いずれ血液中に取り込まれていく。油に溶ける脂溶性物質は水には溶けにくいため、血液中ではタンパク質、たとえばアルブミンやリポタンパク質、α_1−酸性糖タンパク質などに結合して循環する。血液から組織への分布

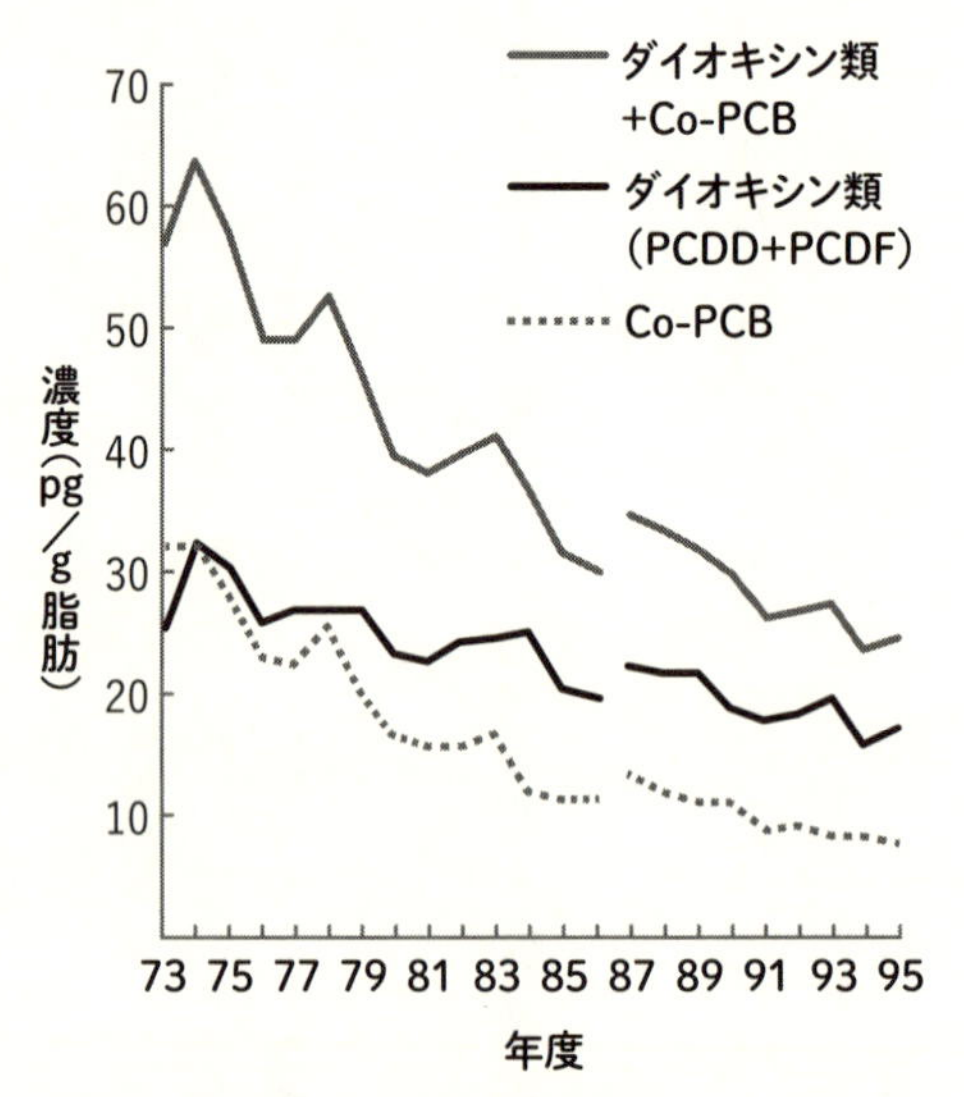

図3-5　大阪における母乳中のダイオキシンやPCB濃度の年次推移（厚生労働省ホームページより）
Co-PCB：コプラナーPCB
PCDD：ポリ塩化ジベンゾ-P-ジオキシン
PCDF：ポリ塩化ジベンゾフラン
いずれも強毒性のダイオキシン類縁物質

は、血流量や各組織の細胞膜の性質、輸送タンパク質の存在や細胞内に存在するタンパク質の性質などによって決まる。

多くの組織の中でも、生体異物が蓄積しやすいのが肝臓と腎臓である。この両臓器には、血流量が多いという共通項がある。肝臓は栄養の中枢であり、腸で吸収された栄養素を運ぶ門脈という大きな血管が通じている組織であることや、肝臓を構成する主要な細胞である肝細胞の中に生体異物と結合するタンパク質があることなどがその理由と考えられているが、詳細はまだわかっていない。

PCBやDDT（ジクロロジフェニルトリクロロエタン）などの脂溶性ハロゲン化芳香族化合

物は、肝臓にも分布するが、脂肪組織にも蓄積する。脂肪細胞には中性脂肪が蓄積しており、脂溶性の分子と親和性が高いためと考えられている。そのため、ＰＣＢやＤＤＴ、ダイオキシンなどは、脂肪とともに母乳に排出される。ダイオキシンやＰＣＢは、製造・販売・移動が世界中で禁じられているが、きわめて安定な物質であり、環境中にはまだ大量に残っている。ＰＣＢなどの汚染のモニタリングのために、ヒトの母乳中のダイオキシンやＰＣＢが測定されており、図3－5に示すように、１９７０年代から順調に減少しつづけている。

遺伝毒性との関連でいえば、胎盤を通過するかどうかが重要な問題になる。胎盤関門という組織が胎児を生体異物から守っているが、ある種のウイルスや抗体、脂溶性物質、スピロヘータ、トキソプラズマ原虫などの病原微生物が胎盤を通過する。関門というと血液脳関門（ＢＢＢ：blood-brain barrier）がよく知られており、イオンや水溶性の高い毒物が脳には移行しないことがわかっている。しかし、脂溶性物質はこの関門を突破して脳に侵入する。

＊

本章では、中毒の科学の基礎となる考え方を概観した。つづく第4章では、有機化合物が私たちの体内でどう代謝されるのか、その基本的なメカニズムを見ていこう。特に、その有機化合物が生体にとって異物である場合、それは解毒のメカニズムそのものである。私たちの体は、いったいどのような解毒のシステムを備え、中毒に対処しているのだろうか。

第4章

解毒の科学

——侵入した異物はどう退治されるか

生体異物は、経口、経皮、吸入などの経路を経て体内に取り込まれ、やがて血液中に入って全身に広がっていく。そのままの状態で組織に毒性を発現するものもあれば、細胞内の酵素によってさまざまな代謝を受けることで活性化して毒性を発揮するもの、私たちの体が備える解毒システムによって代謝され、ほとんど排泄されるものなど、実に多様にふるまう。

本章では、生体異物の中でも特に有機化合物が、どのように代謝され、あるいは組織に障害をもたらすのかについて解説する。ただし、すでに述べたように、残念ながら、毒性発現機構の全容が解明されている化合物はほとんど存在しないのが実情である。

たとえば、エタノールは代謝されてアセトアルデヒドになり、次に酢酸にまで酸化されることは判明している。しかし、そのエタノールが、どのようにして肝炎や肝硬変、さらには肝臓がんを引き起こすのか、その機構のすべてが分子レベルで解明されているわけではない。毒性発現機構が分子レベルで解明されれば、発がんのメカニズムや治療法など、医学にとって重要な問題の糸口が得られる可能性もあり、その発展が望まれている。

口から入った異物のふるまい

食品中の生体異物は口から消化器に入り、食道から胃を経て、主として腸で吸収される。

生理的に必要な栄養素に対しては、それぞれの構造を認識して取り込むはたらきをもつ各種の輸送タンパク質が存在しており、それらによって吸収されるが、異物にはそのようなタンパク質は存在しない。そのため、異物が消化器のバリアーを越えて、積極的に体内に侵入してくるという事態はほとんど起こらない。

細胞膜の構成要素のうちおよそ半分は、水に溶けにくいホスファチジルコリン、ホスファチジルセリン、ホスファチジルイノシトール、スフィンゴミエリンなどのリン脂質が、脂質二重膜を形成している。その脂質二重膜の中に、細胞膜の残り半分を占めるタンパク質が埋め込まれた構造をしている。

タンパク質は、自身が吸収すべき分子の化学構造を認識している。そのため、ほとんどの生体異物にとっては、膜の脂質部分に潜り込む以外、侵入経路は存在しない。水溶性の分子は細胞膜の脂質に阻まれてしまうため、細胞内に侵入するのは一般に困難である。つまり、脂質は水と混じりにくいし、水に溶けやすい分子とも混じりにくい。混じりにくければ細胞膜に侵入しにくいということだ。

たとえば、食品に使用できる合成着色料である食用赤色102号の構造を図4－1に示す。スルホン酸ナトリウム（$-SO_3^-Na^+$）が三つ置換していて、「＋」「－」の記号が書いてあることからわかるように、イオンになっているために水溶性が高く、腸から吸収されにくい。イオンが脂質に溶けにくいのは、サラダ油に食塩を入れてみるとよくわかる。食品に使用できる合成着色料

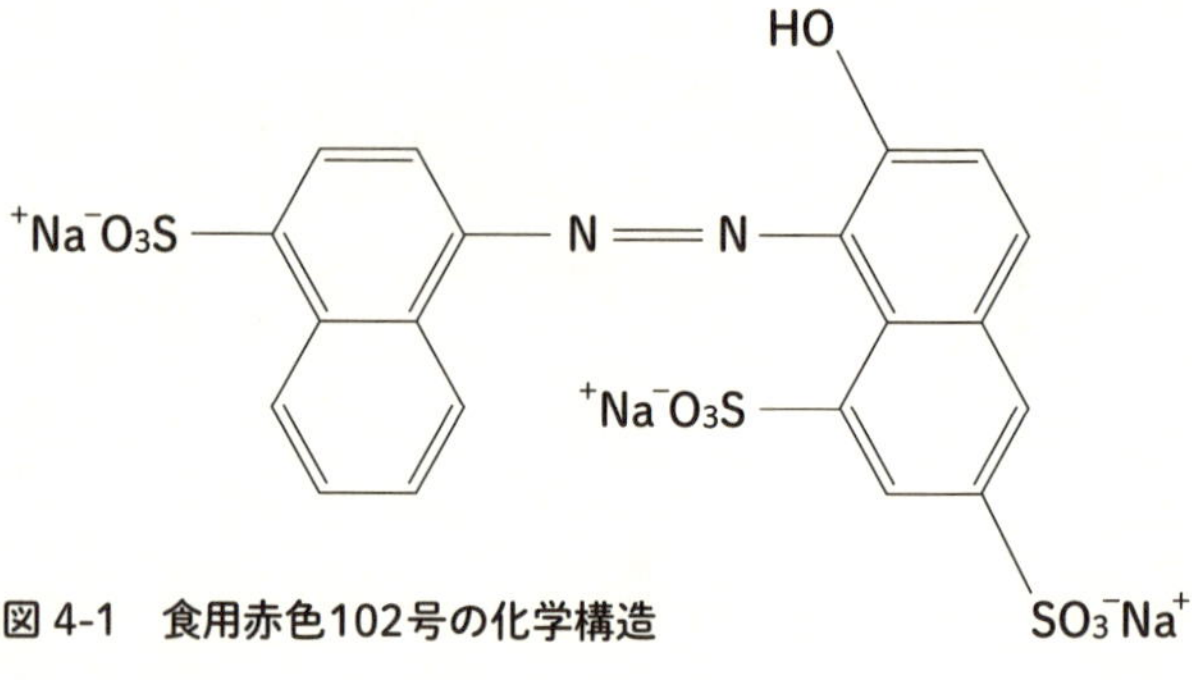

図 4-1　食用赤色102号の化学構造

は法律で許可されているものに限られるが、それらはすべて、このように細胞膜の脂質に取り込まれにくい水溶性の化合物である。

一方で、溶解度だけで毒性が決まるほど単純ではなく、水溶性でありながら発がん性を示すサイクラミン酸ナトリウムのような例もあるが、一般的に細胞に取り込まれやすい異物は、膜の脂質に溶け込むことのできる脂溶性物質である。これらの物質は、腸の細胞に侵入すると血中に入り、門脈を経て肝臓に到達する。腸や肝臓では、解毒のシステムとしてこれらの異物を代謝する機構を備えている。

生体異物が体外に排出されるしくみ
——解毒のメカニズム

図4-2に示すように、水溶性の物質ならそのまま直接、あるいは、水溶性の分子——たとえば、グルコースからつくられるグルクロン酸や硫酸などと結合させて（抱合反応。第

2相反応などともいう)、胆汁か血液中に排出する。

グルクロン酸は図4-3に示す構造をしているが、グルコースから合成されるだけに、多くの水酸基とカルボキシル基をもつ。これらの官能基は、水と水素結合(98ページ参照)することで相互作用できるため、水溶性が高い。

血中に出た生体異物は、腎臓で尿中に捨てられる。腎臓は、血液の性質を一定に維持するために尿をつくる臓器である(図4-4)。輸入細動脈から腎臓に入った血液が糸球体を通過するときに、分子量が約7000以下の物質は尿細管に出ていく。分子量が7000の分子の大きさの穴があいていると思えばよい。

分子量とは、その分子を構成する原子の原子量を合わせたものをいう。水(H_2O)の場合なら、水素(H)の原子量が1、酸素(O)の原子量が16なので、分子量は2+16=18である。グルコース(ブドウ糖:$C_6H_{12}O_6$)は、原子量12の炭素が6個、水素が12個、酸素が6個なので、合計180となる(図4-4参照)。アミノ酸類の分子量も1

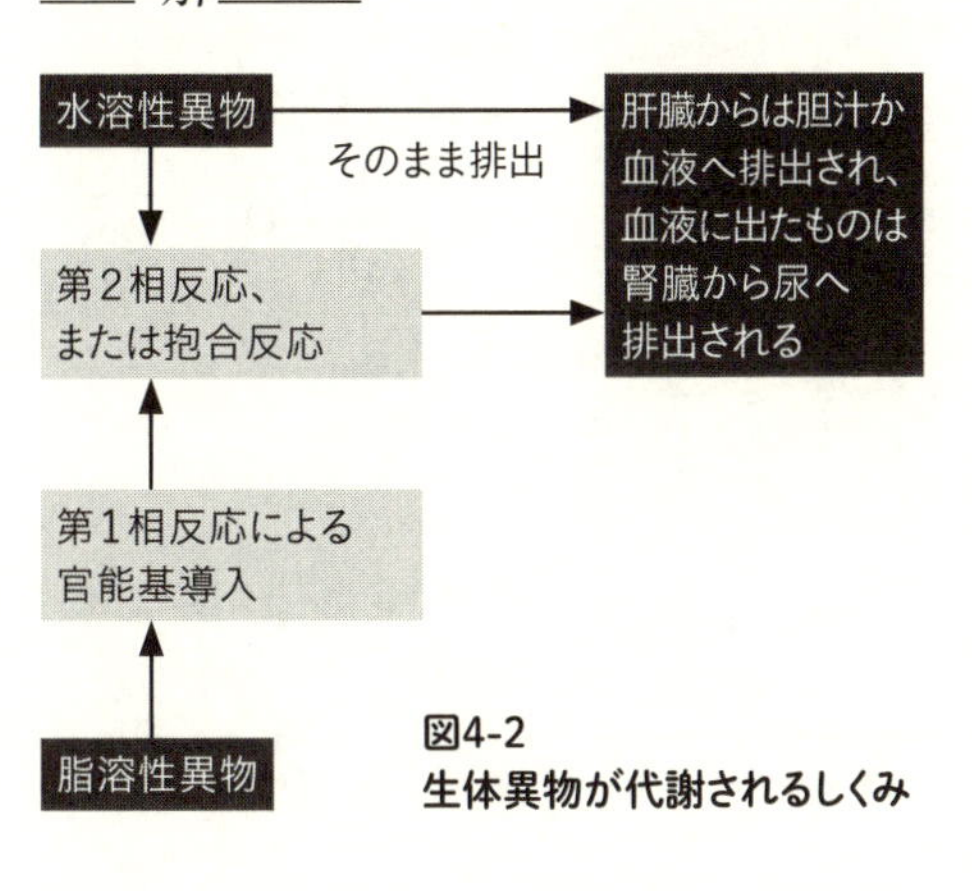

図4-2
生体異物が代謝されるしくみ

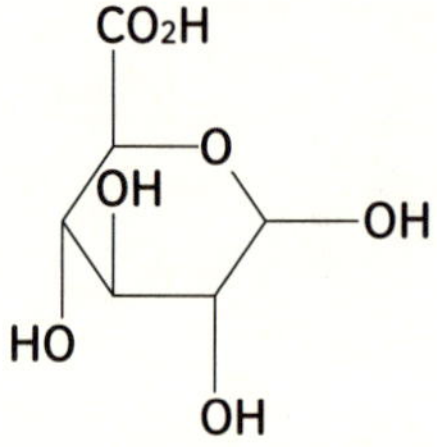

００程度と、栄養素は小さな分子なので大量に尿細管に放出される。一方で、ほとんどのタンパク質は分子量が1万を超える大きな分子であり、細胞になるとこれよりさらに大きいので、それらは尿細管へと出ていくことができない。

なお、分子量18の水分子を6×10^{23}（アボガドロ数）個集めると、18gになる。この6×10^{23}個の分子の集まりを1モルといい、分子量グラムの分子のことを意味する。モルは、分子を意味する英語「molecule」の先頭の3文字をとったものである。

図4-3　グルクロン酸

こうして、糸球体から尿細管に出ていく原尿は一日２００L近くにも及ぶ。ところが、季節によっても異なるものの、尿量はたかだか2L程度なので、尿細管には99％の水や栄養素、イオンなど、体の恒常性を維持するために必要な分子を再吸収するタンパク質が存在している。

また、水素イオンやナトリウムイオン、塩素イオンなどの不要物を排出するタンパク質も備えている。尿の中に捨てられる水やイオン類などの量は、脳や副腎から出されるホルモン等のはたらきで厳密に調節されているため、尿は決して適当に出るわけではなく、尿量は厳密にコントロールされている。

腎臓には、必要な分子やイオンを認識して再吸収するタンパク質が存在するが、生体異物を認

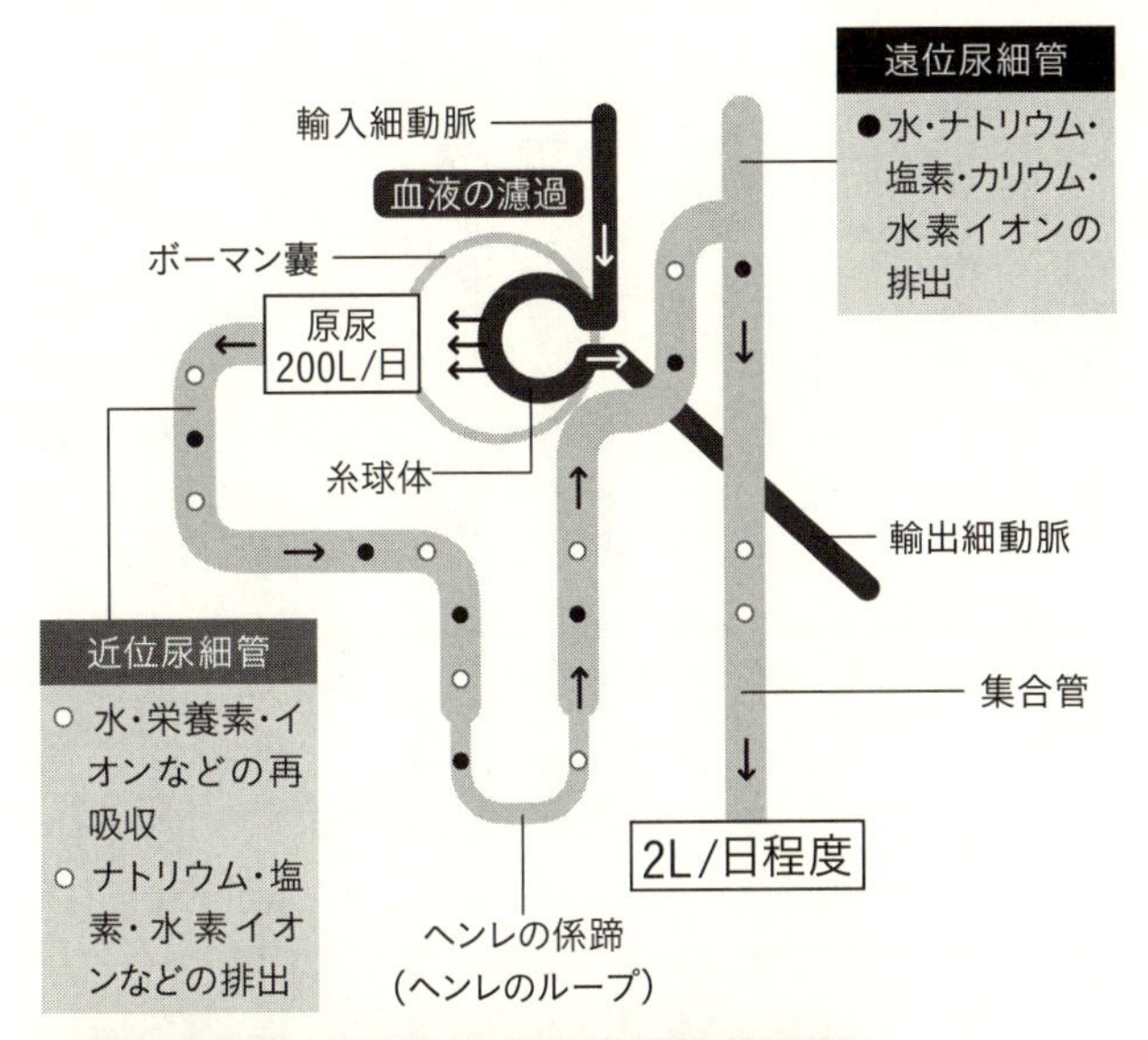

分子量
水：H_2O（2×1＋16＝18）
グルコース：$C_6H_{12}O_6$（12×6＋1×12＋16×6＝180）

図4-4
腎臓の構造

識して再吸収するタンパク質は存在しないので、生体異物やその代謝物は尿に出ていく。腎臓が正常であれば、グルコースやタンパク質、赤血球のような細胞が尿に出ることはなく、季節によって汗の量が違うために尿量が変化することになる。

ただし、糖尿病のために血糖値が160mg／dL（dL：1デシリットルは100mL）を超えると、尿細管での再吸収が追いつかなくなって尿にグルコースが出ていく。空腹時血糖値の正常値の上限が110mg／dLなので、尿に糖が出ていく状態では、糖尿病が相当に進行していることになる。

シンナーの吸引はなぜ危険なのか

前述のように、生体異物は尿中に捨てて体外に排出するのが解毒の基本である。

血液中の水溶性異物はそのままでも腎臓から捨てることができるが、脂溶性異物は水に溶けにくく、タンパク質に結合しているため、腎臓から排出することができない。そこで、私たちの体は、化学反応を用いて脂溶性異物を水溶性分子に変換するしくみを備えている。肝臓などに存在する薬物代謝酵素によって、化学変換（代謝）されるのである。

たとえば、肝細胞の滑面小胞体に存在する薬物代謝酵素であるシトクロムＰ４５０（Ｐ４５０と略）は、酸素を活性化して酸素原子や水酸基を導入する官能基導入反応（第1相反応とも）を行う。水酸基があれば、これにつづく抱合反応によって、水酸基に水溶性の分子を結合させて水溶性に変えることで、尿中に捨てることができる（図４-２参照）。

このＰ４５０は、日本で発見されたヘムタンパク質である。一酸化炭素と結合して、波長４５０nmの青い光の吸収が増加する色素（pigment）という意味で命名された。可視光線全体（白色光）から青色の光を選択的に吸収するＰ４５０は、ヘムの赤い色をしている。このように、染料は白色光から吸収する光を除いた残りの色、つまり、補色が見えることになる。４００nm周辺の

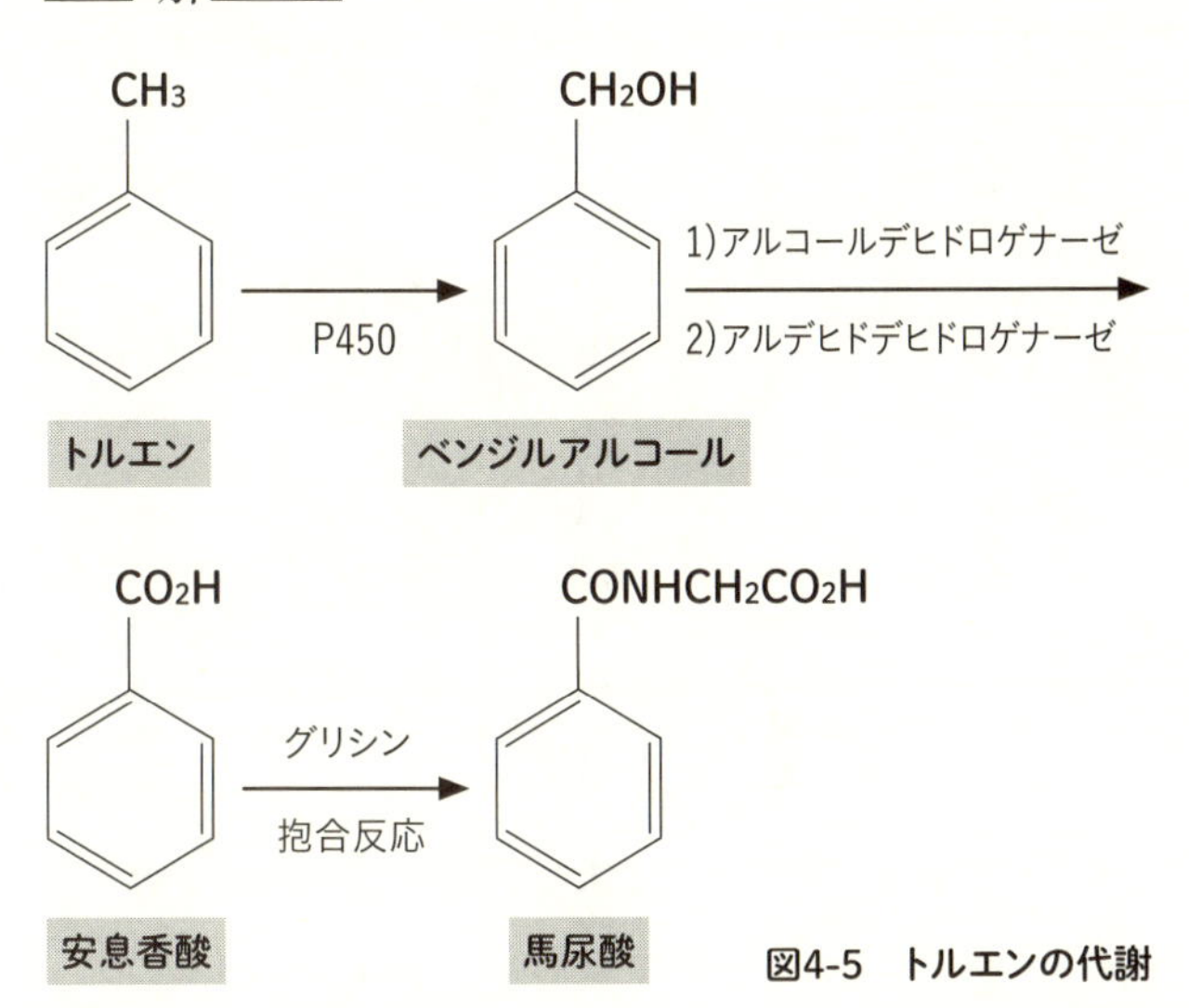

図4-5　トルエンの代謝

紫の光を吸収する染料は黄色に見える、という具合である。

毒物の例でいえば、印刷業界で溶媒として使われるトルエン（シンナー）は図4－5に示すように代謝される。

まず、P450によってメチル基（$-CH_3$）が酸化され、ベンジルアルコールになる。これにより、メチル基の一つの水素が水酸基に置き換わる。これが、第7章であらためて登場するアルコールデヒドロゲナーゼやアルデヒドデヒドロゲナーゼなどの酵素によって安息香酸に変換される。つづいて、アミノ酸の一種で水によく溶けるグリシン（52ページ図2－8参照）を結合させる酵素による抱合反応が起こり、水溶性の馬尿酸（ばにょうさん）に変換されて尿に捨てられる。

脂溶性の分子に、水と相互作用しやすい水溶性の置換基を結合すると、水に溶けやすくなることを利用した反応である。尿中の馬尿酸濃度は、印刷業界ではたらく人のトルエン曝露量を調べるために使われている。ここでいう曝露とは、毒物に曝されることを指している。

印刷工場で従事する人のように、低濃度のトルエンに曝露されている場合には肝臓での解毒機構が有効にはたらくが、未成年のシンナー遊びのように高濃度のトルエンを大量に、一気に吸い込むようなケースでは解毒が間に合わない。肺から吸収された脂溶性のトルエンは、血液脳関門を越えて脂質含量の高い脳に蓄積し、深刻な中枢神経系の障害を引き起こす。

中毒と解毒のトレードオフ

P450はモノオキシゲナーゼともいわれるが、それは酸素（O_2）を活性化して、そのうち一つの酸素原子をトルエンに導入するからである（「モノ」は化学では1を意味する）。つまり、ベンジルアルコールの酸素原子はO_2由来である。一方、安息香酸に導入される酸素は水（H_2O）に由来する。

「酸素がどこから来ようと、どうでもいいじゃないか」と思わないでほしい。由来を知っておくことは、酵素の反応機構を考えるうえで決定的に重要なのである。

ところで、溶剤としてトルエンが用いられるのはなぜだろうか？　もっと簡単なベンゼンを使

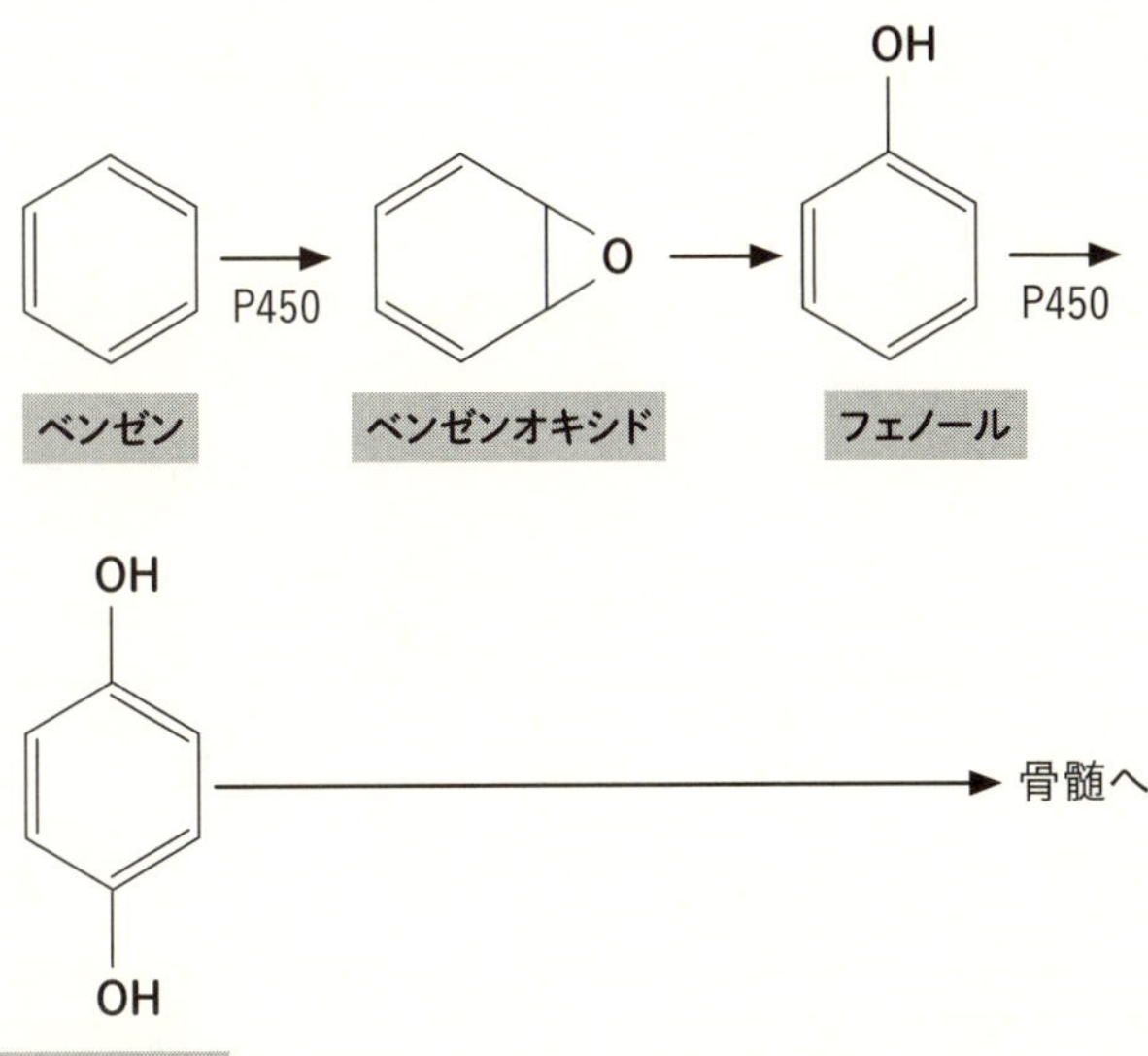

図4-6　ベンゼンの代謝

うほうがいいのではないだろうか？

図４－６に示すように、ベンゼンは肝臓のＰ４５０によってベンゼンオキシドに変換され、大部分はフェノールになって、グルクロン酸や硫酸と抱合されて尿中に排泄される。しかし、一部は、Ｐ４５０によってさらに酸化され、ヒドロキノンに変換される。このヒドロキノンは、骨髄に運ばれて障害を及ぼし、やがて白血病を引き起こすことがわかっている。

このように、Ｐ４５０によってベンゼン環自体が水酸化を受ける結果、発がん性をもつヒドロキノンを生成するリスクがベンゼンにはある。他方トルエンの場合には、メチル基のほうがベンゼン環より反応性が高い。したがって、メチル基が酸化されて安息香酸に変換される反応が優先的に起き、発がん性をもつ分子が生成されにくいという特徴がある。ベンゼンが全面的な使用禁止になり、トルエンが使われるようになったのはこの理由による。化合物としての簡便さより、私たちの体がもつ解毒のメカニズムの特性が優先された結果であり、これも中毒学の成果の一つなのである。

解毒システムが発がん性を生む⁉

ベンゼンオキシドのように、二重結合に酸素が付加したエポキシドとよばれる三員環（三角形の部分）の構造をもつ分子は、反応性が高い。P450は、非常に反応性の高い酸素種を生成できるため、エポキシドを生成することができる。

エポキシドが発がん剤となる例として、ベンゾ[a]ピレンやアフラトキシン、塩化ビニルなどがある。これらはいずれも、それ自体には発がん性がないにもかかわらず、皮肉なことに私たちの体内でP450によって代謝活性化されることで発がん性をもつようになる分子である。P450でエポキシドに変換されたあと、遺伝子の核酸塩基と反応して遺伝子配列を変えることで突然変異が起こり、発がんにいたる（第8章参照）。

アフラトキシンは、糸状菌「*Aspergillus flavus*」や「*A. parasiticus*」などのカビが生産する毒物である。カビ毒のことをマイコトキシンというが、これがエポキシドになったあと、肝臓中の核酸塩基・グアニンと反応して遺伝子を変化させ、肝臓がんを引き起こすと考えられている。これらのカビは穀物などで増殖し、南アジアにおける肝臓がんの主要な原因と見られている。

ミクロの世界では、カビとバクテリアが激しく争っており、通常はバクテリアのほうが強いのだが、カビはバクテリアを殺す抗生物質で対抗する。その一つであるペニシリンから、人類は大いなる恩恵を受けた。その他、カビがつくる抗生物質の中には制がん剤になったブレオマイシンなどもあり、人類と毒物（生体異物）との単純にはいかない関係が見てとれる。

置換基がどこにあるか、それが問題だ！

塩化ビニルは、これを扱う労働者にがんが起こることから発がん性が明らかになった。このように、日常的に特定の化学物質の曝露を受ける人たちに多発する職業病から、その毒性が判明した例は数多いが、発がん性が判明したものもいくつか知られている。

職業とがんの関係については、英国の外科医パーシヴァル・ポットが1775年にロンドンの煙突掃除人に陰嚢（いんのう）がんが発生することを見出したのが最初とされている。原因は、煤（すす）の中に含まれるベンゾピレンのような縮合環系芳香族炭化水素と考えられた。

それ以外にも、有機物では溶媒として使われていた前出のベンゼン、染料の原料となっていた

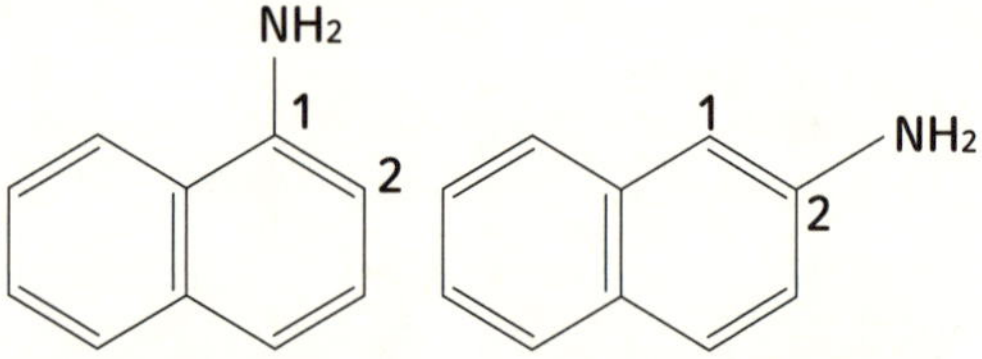

NH2
1
2
1-ナフチルアミン
（α-ナフチルアミン）

1
NH2
2
2-ナフチルアミン
（β-ナフチルアミン）

図4-7　明確な発がん作用のない1-ナフチルアミンと発がん性をもつ2-ナフチルアミンの化学構造の違い

2-ナフチルアミンやベンジジンのような芳香族アミンにコールタール、無機物では6価クロムやアスベスト、ヒ素、ラジウム、ニッケル精錬、物理的な原因としては、紫外線や放射線などによる発がん性が知られている。

ベンゼンとトルエンのように、メチル基の有無だけで毒性が変化するのも化学物質の特徴である。置換基の位置の違いだけで毒性が変わってくる場合もある。

たとえば、図4-7に示す1-ナフチルアミン（α-ナフチルアミン）と2-ナフチルアミン（β-ナフチルアミン）は、アミノ基の位置が異なるだけだが、現在のところ前者が明確な発がん作用を示さないのに対し、後者には発がん性が備わっている。そのため、2-ナフチルアミンは、労働安全衛生法によって製造も使用も禁止されている。たった一つの置換基の位置の違いだけでなぜこれほど大きな毒性の違いが生まれるのか、その分子機構は残念ながら解明されていない。

食べものや薬と解毒システムの関係

ヒトのもつＰ４５０には、50以上の種類が存在する。

通常の酵素は、酵素と反応する分子である基質の構造を、カギとカギ穴がぴったり合うような正確さで認識して結合し、化学反応を行う。しかし、本来は体内に存在しない生体異物の場合は、きわめて多種多様な構造をもつ。そのため、解毒の一翼を担うＰ４５０は、多くの構造を認識する結合部位を備えておく必要性から、これほど多くの酵素が発達してきたと考えられている。

Ｐ４５０は、生体異物のみならず、コレステロールやステロイドホルモン、胆汁酸、ビタミンＤ、脂肪酸など、これも多種多様な構造をもつ内因性分子の代謝をも行うことから、それぞれを認識して結合するタンパク質が必要である。

多数存在するＰ４５０の、個々のタンパク質をわかりやすく分類するために、略称のルールが定められている。シトクロムＰ４５０（Cytochrome P450）をＣＹＰと略した後に、遺伝子（アミノ酸配列）の類似性をもとに、アラビア数字でファミリーを、次のアルファベットでサブファミリーを、さらに次のアラビア数字で固有名を示し、計6文字で表記することになっている。たとえば、ＣＹＰ３Ａ４という具合だ。

Ｐ４５０は、多くの医薬品や食品に由来する生体異物を酸化するが、逆に、Ｐ４５０が化学物質によって誘導されることもよく知られている。誘導とは、ある化学物質（誘導剤という）が特定のタンパク質の遺伝子発現を活性化することで、そのタンパク質の量が増加する現象を指す。

たとえば、同じ睡眠薬を使っていると徐々に効き目が薄れてくるのは、その薬を酸化するＰ４５０の量が増えて、当初に比べ、短時間で分解されるようになるためである。この事実は、私たちの体に、50種類以上のＰ４５０の中から、摂取した化学物質を酸化する特定のＰ４５０の量が増加する機構が備わっていることを意味している。

医薬品との関係では、抗うつ作用をもつとされるセントジョンズワート（西洋オトギリ草）の成分がＣＹＰ３Ａ４を誘導して量が増加する。すると、ＣＹＰ３Ａ４によって分解されるインジナビルがＣＹＰ３Ａ４の増加分だけ速く分解されて血中濃度が低下し、その効果が低下することがわかっている。原理的には、ＣＹＰ３Ａ４で代謝される*すべての*医薬品の効果が低下するので注意が必要である。

逆に、食品中にＣＹＰのはたらきを妨害する阻害剤が含まれているケースもある。たとえば、柑橘類の中でグレープフルーツだけに含まれる成分がＣＹＰ３Ａ４を阻害する結果、これによって分解されるはずの医薬品が分解されず、ＣＹＰ３Ａ４の基質となる医薬品のいくつかについては濃度が上がり、過剰な効果をもつことになる。Ｐ４５０に影響を与える薬剤を表４－８にまと

CYP	3A4	2C9	2E1
基質	インジナビル イミプラミン エチニルエストラジオール エリスロマイシン カルバマゼピン ジアゼパム シクロスポリン ジギトキシン テルフェナジン ニフェジピン等	セレコキシブ トルブタミド フェナセチン フェニトイン フェノバルビタール ワーファリン等	アセトアミノフェン アルコール カフェイン ハロゲン化炭化水素 等
誘導剤	カルバマゼピン 西洋オトギリ草 フェノバルビタール リファンピシン等	リファンピシン 西洋オトギリ草 フェノバルビタール 等	エタノール等

CYP	1A2	2D6
基質	アセトアミノフェン イミプラミン エストラジオール カフェイン テオフィリン フェナセチン 芳香族アミン ワーファリン等	イミプラミン コデイン スパルテイン タモキシフェン デキストロメトルファン デシプラミン デブリソキン ブフラロール プロプラノロール等
誘導剤	フェノバルビタール TCDD、喫煙等	不明

アセトアミノフェン(解熱鎮痛)、イミプラミン(抗うつ薬)、インジナビル(抗HIV薬)、エストラジオール(ホルモン補充療法)、エチニルエストラジオール(ピル)、エリスロマイシン(抗生物質)、カルバマゼピン(抗てんかん薬)、ジアゼパム(抗不安、鎮静、催眠)、シクロスポリン(免疫抑制剤)、スパルテイン(不整脈薬、子宮収縮作用)、セレコキシブ(非ステロイド性消炎・鎮痛剤)、タモキシフェン(抗エストロゲン剤)、テオフィリン(気管支拡張薬)、デキストロメトルファン(鎮咳剤)、デシプラミン(抗うつ剤)、デブリソキン(降圧薬)、テルフェナジン(抗アレルギー薬)、トルブタミド(インスリン分泌促進薬)、ニフェジピン(降圧剤)、フェナセチン(解熱鎮痛薬)、フェニトイン(抗てんかん薬)、フェノバルビタール(催眠・鎮静・抗痙攣薬)、ブフラロール(β遮断薬)、プロプラノロール(β遮断薬、不整脈、本態性高血圧)、リファンピシン(抗生物質)、ワーファリン(抗凝固薬)、TCDD (ダイオキシン:テトラクロロジベンゾジオキシン)

表4-8 生体異物代謝に関わるいくつかのP450の基質と誘導剤

めた。

　今後は、このような食品成分と医薬品成分と私たちの体がもつ解毒システムとの相互作用について、より多くの知見が蓄積されていくものと期待される。

抱合反応に使われる分子

　第1相反応によって導入された置換基に、親水性の分子を導入する第2相反応に使われる分子が、数多く存在する。その代表的なものについて解説しておこう。

　すでに登場したグルクロン酸は、肝臓や腎臓、腸や皮膚などに存在するグルクロノシルトランスフェラーゼという酵素によって、アルコール（水酸基をもつ分子）やフェノール（ベンゼン環に水酸基がついた分子）、アミノ基（$-NH_2$）などをもつ化合物に導入される。この酵素もP450同様、多くの薬物によって誘導される。

　そのままでは抱合反応には使えない硫酸は、酵素がATPを使って3′-ホスホアデノシン-5′-ホスホ硫酸のかたちに活性化し、この末端に結合した硫酸が、スルホトランスフェラーゼという酵素によってフェノールなどに転移される。

　もう一つ重要な分子が、94ページ図4-10に示すグルタチオンである。グルタチオンは、グルタミン酸、システイン、グリシンの三つのアミノ酸が結合した分子（γ-グルタミルシステイニ

H 2.1						
Li 1.0	Be 1.5	B 2.0	C 2.5	N 3.0	O 3.5	F 4.0
Na 0.9	Mg 1.2	Al 1.5	Si 1.8	P 2.1	S 2.5	Cl 3.0
						Br 2.8

表4-9　電気陰性度

ルグリシン）で、やはり細胞内で酵素によって合成される。図4－10には、原料のアミノ酸の部分も示した。システインのチオール基(-SH）が重要であるため、GSHと略している。グルタチオンS－トランスフェラーゼという酵素によって、GSHはエポキシドなどに結合して水溶性を高めるはたらきをもっている。

　この反応は、有機化学反応の一つの典型例である。式で書いたものが図4－10である。左辺の最初がエポキシドである。この反応の起こり方を説明するために、有機物を構成する化学結合である共有結合の性質について紹介しておこう。

　第2章で説明したように、原子は電子を一つずつ出し合って、電子対を形成することで共有結合をつくるが、原子によって電子を引き寄せる力が違う。その力を量的に表したのが、表4－9に示す電気陰性度という値である。米国のライナス・ポーリングという20世紀最大の化学者によるもので、数字が大きいほど電子を引っ張る力が強いことを示している。表4－9には、41ページ表2－2に示した周期表の右端にあった希ガスは含まれていない。先にも紹介した

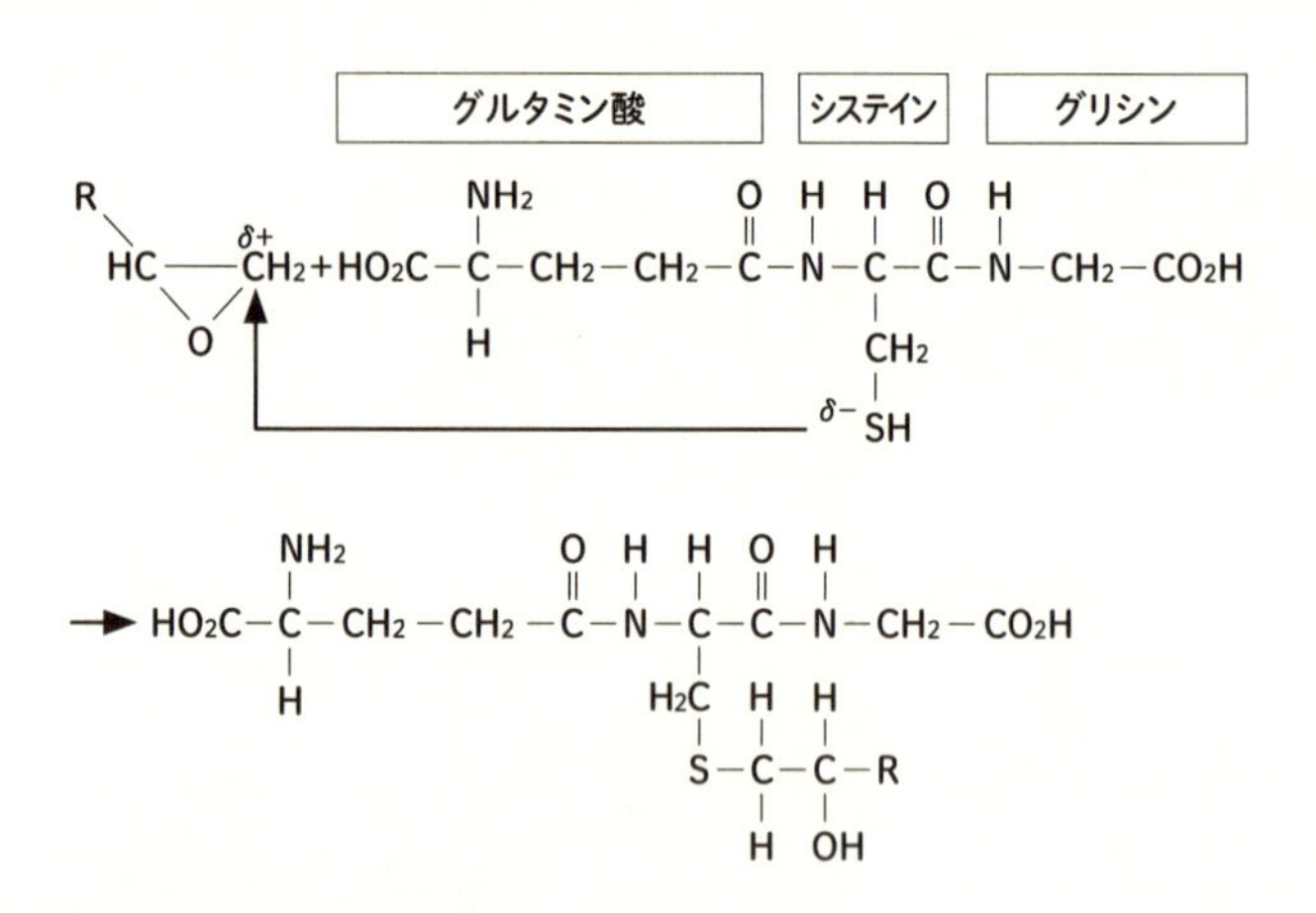

図4-10　エポキシドとグルタチオン(GSH)の反応

とおり、希ガスは最外殻の電子が満杯となっているため、結合をつくらないからである。

表4－9を見ると、右上にいくほど電気陰性度が高くなっている。原子はそれぞれ、電子を引く力が微妙に異なることが見てとれる。同一周期内では、右にいくほど原子核内の陽子数が増えるので、マイナス電荷をもつ電子を引きつける力が強くなる。また、上にいくほど、原子核と電子の距離が近いので（電子がより内側の軌道を回っているので）、お互いの引力も強くなると考えれば理解できるだろう。

さて、あらためて図4－10を仔細に見てみよう。

エポキシドの炭素と酸素の結合に注目すると、酸素（電気陰性度3・5）のほうが炭素（電気陰性度2・5）より電気陰性度が大きいので、共有結合に使われる電子対は酸素原子のほうに少し引きつけられることになる。マイナス電荷をもつ電子が酸素に引きつけられるため、炭素は少しプラスに、酸素は少しマイナスに傾く。これを「分極」という。

図4-10では、この分極を「δ+」（δ（デルタ）は「少し」を意味する）と表してある。同じ理由から、グルタチオンのイオウ原子は水素に比べて少しマイナスになっているので、「δ−」と示してある。チオール基でδ+になるのは水素である。

有機反応の一つの典型は、マイナスに分極した原子がプラスに分極した炭素を攻撃して結合をつくるというかたちで進行する。ここでの場合、グルタチオンのチオール基のイオウが、矢印で示すようにエポキシドの末端の炭素を攻撃して結合する。

炭素は結合を四つしかつくれないので、イオウが結合すると、炭素と酸素の結合は切断され、酸素は結合が一つになってしまう。そこで、チオール基の水素が結合して水酸基になり、酸素は二つの結合を回復して反応が完結する。エポキシドのδ−の酸素とチオール基のδ+の水素が結合することになる。

プラスにマイナスが攻撃するこの反応は自然にも起こるが、この反応を触媒するグルタチオンS-トランスフェラーゼという酵素がこの反応を何千倍にも加速する。δ+の炭素を攻撃するグルタチオンのδ−をもつイオウの性質を「求核性」という（原子核はプラス電荷をもつので、プラス中心を攻撃する性質という意味で求核性とよばれている）。

δ^-のイオウにδ^+の炭素が攻撃しているともとれるが、有機化学は炭素が主役なので、炭素の立場から見て命名する。この反応は、C—O結合がC—S結合に置換される反応なので、求核置換反応とよばれる。

「水に溶ける／溶けない」と生命誕生の意外な関係

分極は、化学結合に大きな影響を及ぼす。

フッ素と同様、最外殻に7個の電子を有する塩素（Cl）は、3・0という大きな電気陰性度をもち、電子を引きつける性質が非常に強い。逆に、最外殻にリチウムと同じ1個の電子しかもたないナトリウム（Na）は、電気陰性度が0・9と低い。この二つの原子が結合すると、ナトリウムの電子が完全に塩素にとられてしまい、ナトリウムは1価の陽イオン（Na^+）に、塩素は1価の陰イオン（Cl^-）になった状態で結合する。このような結合をイオン結合という。

水は、酸素と水素の電気陰性度の差のため、酸素がδ^-に、水素はδ^+に分極している。食塩が水に溶けやすいのは、図4－11に示すように、Na^+は水の酸素のδ^-がまわりを取り囲み、Cl^-には水の水素のδ^+が取り囲むことで安定化するためである。このような現象を水和という。日本人にはなじみ深い「和」の概念で、水との良好な関係という意味である。

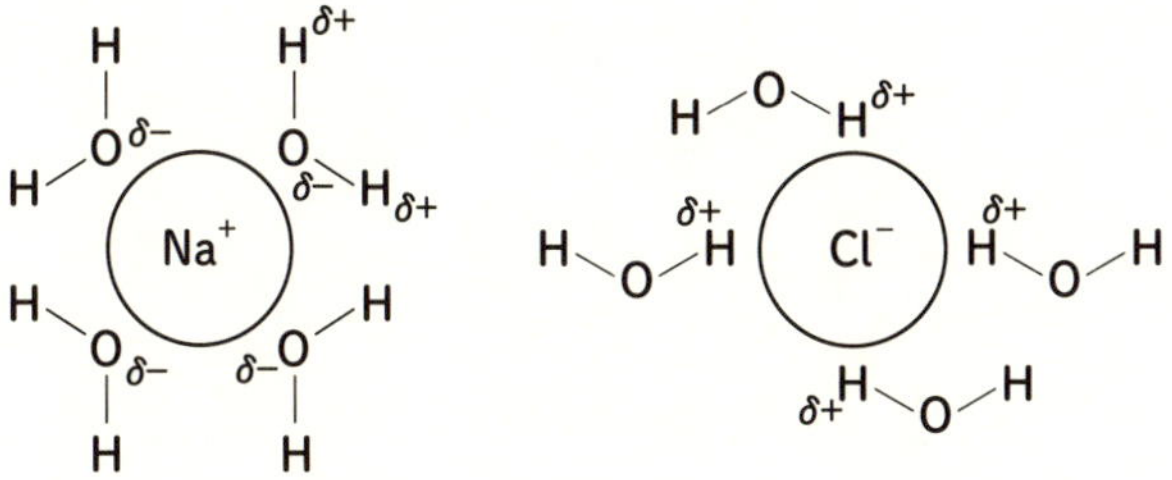

図4-11　食塩への水和

ちなみに、和の「禾」は稲を、「口」はまさに口を意味しており、「和」という文字は、食うものと食われるものの絶妙な調和を表しているそうである。

一方、炭素と水素の電気陰性度は互いに近く、分極が起こらないため、分極している（極性をもつ）水とは相互作用しにくい。したがって、炭素と水素だけからなる炭化水素は水に親和性がなく、混合することがないため、いわゆる水と油の関係になる。

この、「溶ける（溶解する）か／溶けないか」という性質は、非常に重要である。炭化水素の長い鎖をもつ脂質は水に溶けにくい性質をもち、これを疎水性または脂溶性という。この疎水性が、実は、生命誕生に大きな役割を果たしたのである。

生命は海、すなわち水の中で誕生した。最初の細胞は水の中で自分の領域をつくり、確保する必要があった。その領域の境目＝細胞膜をつくるために選ばれたのが、水に溶けにくい脂質だったのだ。脂質のもつ、水の中で自然に集まって球形をつくる性質が、初期の細胞膜のような役割を果たしたと考えられている。

実際に現在の細胞も、その細胞膜は脂質が半分を占めている。そしてこのことが、有機化合物の毒性の発現に重要な役割を果たしている。先に述べたように、水溶性の有機物は細胞膜の脂質に溶け込めないため、ほとんど吸収されることがない。一方、脂溶性の異物は、膜を構成する脂質に溶け込んで吸収されるため、Ｐ４５０などで代謝する必要が生じるのである。

生命の誕生に大いなる貢献をした脂質が、現在の私たちにとって厄介な対象である中毒の発生に関与している皮肉に、驚いた方も多いのではないだろうか。

水素結合が果たす重要な役割

分極の効果としてもう一つ重要なものに、水素結合がある。

水の沸点を取り上げて考えてみよう。水中で水分子は自由に運動しており、その速度は温度と関係している。ときには液体中から空気中に飛び出す分子もあり、低温でも多少は気体として存在している。その気体の水の量は、蒸気圧とよばれる水の圧力として測定することができる。ある温度で、これ以上蒸気圧が上がらない点を飽和蒸気圧という。図４－12に示すように、飽和蒸気圧は温度の上昇とともに高くなる。

水を加熱すると、分子の運動はどんどん激しくなって蒸気圧が増加していく。その圧力が大気圧（通常1気圧＝１０１３hPa〈ヘクトパスカル〉＝７６０mmHg〈水銀柱ミリメートル〉）を超え

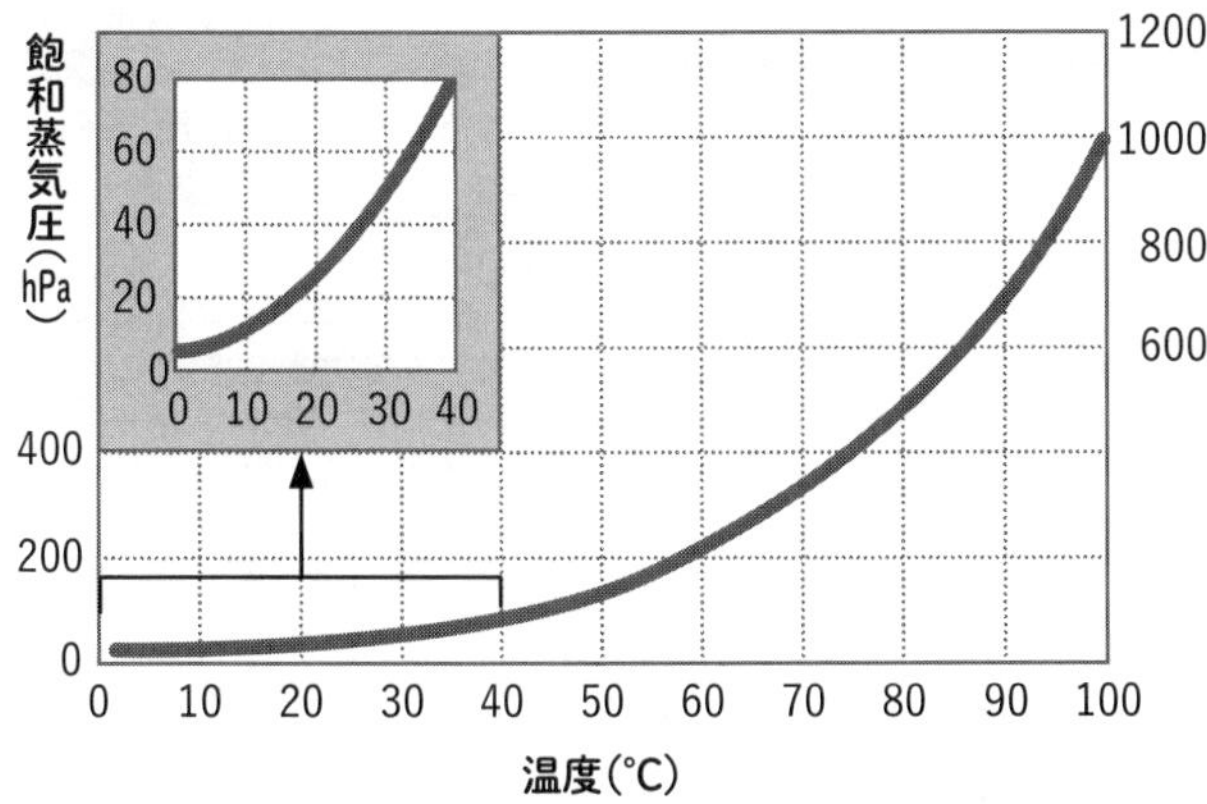

図4-12　水の蒸気圧

ると、液体のどの部分からでも気体になって飛び出すようになる。これを沸騰といい、その温度を沸点という。1気圧のとき、水は100℃で沸騰する。たとえば富士山頂など、大気圧の低いところでは、100℃より低温でも沸騰する。

空気中の水蒸気圧を飽和水蒸気圧で割ったものが湿度である。言い換えれば、湿度とは、存在する水蒸気が飽和水蒸気圧の何％に相当するかを示す指標である。湿度が低ければ、まだ水蒸気が蒸発できるので洗濯物がよく乾く。逆に、雨の日には水蒸気が飽和しており、洗濯物の水蒸気が蒸発する余地は少ない。

分子の飛び出しやすさが沸点を決めるので、重い分子ほど飛び出しにくいはずである。炭化水素の沸点を表4-13に示す。分子量16のメタンの沸点はマイナス162℃である。メタンは、天然ガスとしてインドネシアやロシアなどから輸入しているが、液体で運搬し

名前	メタン	エタン	プロパン
化学式（分子量）	CH_4 16	CH_3CH_3 30	$CH_3CH_2CH_3$ 44
沸点（℃）	−162	−88.5	−42

名前	ブタン	ペンタン	ヘキサン
化学式（分子量）	$CH_3(CH_2)_2CH_3$ 58	$CH_3(CH_2)_3CH_3$ 72	$CH_3(CH_2)_4CH_3$ 86
沸点（℃）	0	36	69

表4-13　炭化水素の分子量と沸点（蒸気圧が760mmHgになる温度）

ないと多くの量を一度に運べない。そのため、マイナス170℃以下に冷却して、液体として輸入されている。これだけの低温を維持するには、当然ながら相当のエネルギーが必要になる。

エタン、プロパン、ブタン、ペンタンと、分子量が大きくなるほど（分子の重量が大きいほど）飛び出しにくくなり、沸点が高くなっていく。ヘキサン（C_6H_{14}）の分子量は86で、沸点は69℃である。

表4－14に、いくつかの化合物の沸点を示した。水（分子量18）は前述のとおり、沸点100℃だが、アンモニア（分子量17）の沸点はマイナス33℃である。ほぼ同じ分子量の化合物に比べ、水の沸点が異常に高いことがわかる。水の沸点がこれほど高いために地球には海が生成し、やがて生命が生まれたのだが、水の沸点はなぜ、こんなにも高いのだろうか？

その理由は、水素結合にある。

前記のとおり、水は酸素と水素の電気陰性度の差のために分極している。さらに、図4－15に示すように、その酸素には結合相手のいない孤立した電子対（孤立電子対）が存在し、この部分は当然、マイナスの電荷をもっている。このようにマイナス電荷をもつ水の酸素原子は、他の水のプラス電荷をもつ水素との間で水素結合とよばれる結合をつくっており（図4－15では破線で示す）、結果として大きな会合体を形成している。沸点が高いのはこのためだ。

この水素結合の強さは1モル（6×10^{23}個）あたりで5kcalくらいのエネルギーになり、5kcal／molと表記できる。水の酸素と水素の結合が100kcal／mol程度の強さなので、共有結合の5％の強さしかないが、これが沸点を異常に高めることに貢献しているのである。

	分子量	沸点(℃)
メタン(CH_4)	16	−162
エタン(C_2H_6)	30	−88.5
水(H_2O)	18	100
アンモニア(NH_3)	17	−33
ジメチルエーテル(CH_3OCH_3)	46	−24
エタノール(C_2H_5OH)	46	78.5

表4-14　いくつかの化合物の分子量と沸点

窒素にも同様の性質があって水素結合を生成するため、アンモニアの沸点は炭化水素から予想されるよりもずっと高い（表4－14参照）。窒素による水素結合は約3kcal／molで酸素よりは弱く、それが沸点の違いにも表れている。

水素結合の存在ゆえに、水やアンモニアは、分子量から予

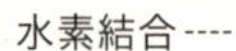

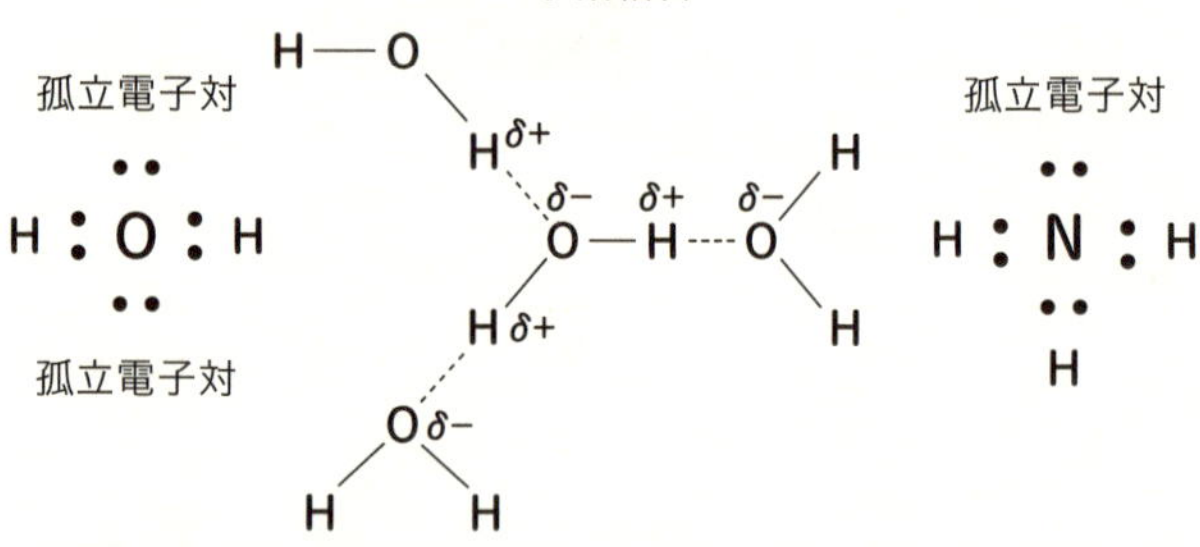

図4-15　水、水の水素結合、アンモニア

想されるよりはるかに高い沸点を示す。そして、この水素結合こそが、DNAの二重らせんを形成する直接的な力であり（核酸塩基間を水素結合で結んでいる）、タンパク質の構造維持にも重要な役割を果たしている。DNAやタンパク質が機能を発揮するためにも、水素結合が必要不可欠なのである。

成年男子でいえば、体重の約60％が水である。水は一般に、栄養素には含めないが、水の性質が生命誕生において重要であったことは間違いない。

もう一つ、水素結合の重要性をうまく表しているのが、表4-14に掲げたジメチルエーテルとエタノールである。分子量はまったく同じ両者だが、水酸基を有し、水素結合する能力をもつエタノールの沸点のほうが、水素結合できないジメチルエーテルに比べおよそ100℃も高くなっているのだ。

水と水素結合可能な水酸基やカルボキシル基は、水溶性を高めるうえでも重要な役割を果たしている。

式4-1 $H_2O_2 + 2GSH \rightarrow 2H_2O + GS{-}SG$

酸素がもたらす毒性

先にグルタチオン(GSH)のところで説明したように、チオール基は大きな求核性をもっている。さらに別の重要な性質として、大きな還元力をもっていることも特徴の一つである。

還元反応は酸化反応の反対で、相手の酸素を奪うこと、水素か電子を相手に与えることを意味する。そのような反応が起こると、チオール基自身は酸化される。つまり、還元剤(水素を与えやすい)であるチオール基は、酸化されやすい(水素をとられやすい)性質をもっている。

GSHは細胞内で還元力を発揮し、活性酸素の一つである過酸化水素を還元して、式4-1に示すように無害な水に変換する。GSHが還元型、GS—SGが水素をとられた酸化型のグルタチオンである。二つのSHから水素が二つとれて、過酸化水素と反応して2分子の水になり、水素をとられたイオウどうしが結合してS—S結合をつくる。

この反応を触媒するのが、グルタチオンペルオキシダーゼという酵素で、私たちの細胞内に数種類のタンパク質が存在する。その中に、セレン(Se)を含む酵素が

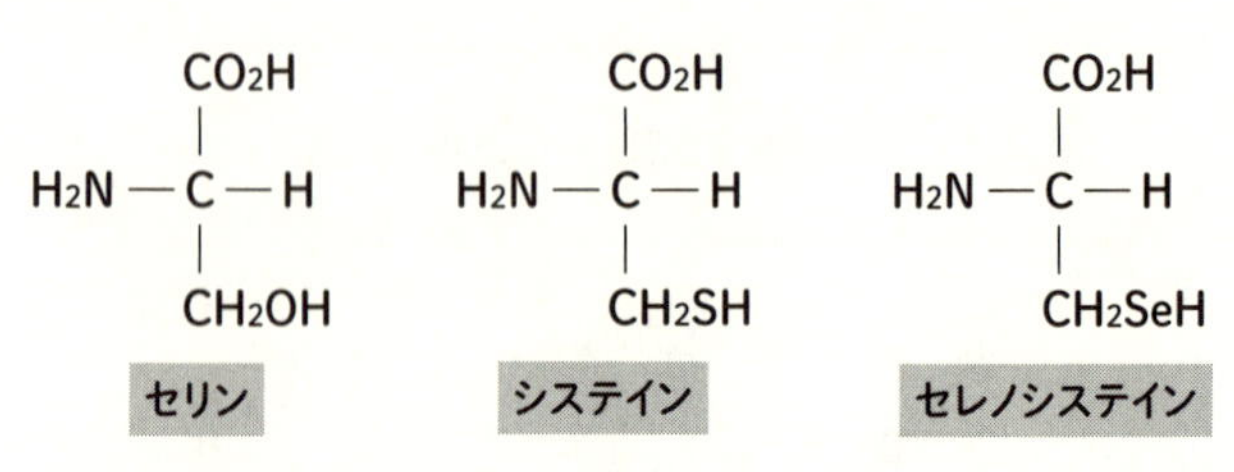

図4-16　セリン、システイン、セレノシステイン

ある。セレンは、周期表でイオウの下に位置している。この酵素の中でセレンは、システインのイオウに置き換わったセレノシステインのかたちで存在する（図4－16）。

　必須元素であるセレンだが、少し量が増えると毒性を示す。図4－16には、セリン、システイン、セレノシステインを示したが、それぞれ原子が一つ違うだけのアミノ酸である。

　第二次世界大戦より前の時代、中国の克山（ケシャン）という地域にはセレンが少なく、食料となる穀物や動物の肉にも少量のセレンしか含まれていなかった。同地域では、克山病という原因不明の心筋症が起こったが、これは、セレン欠乏のために活性酸素が消去できなくなり、酸素消費のさかんな（すなわち、活性酸素が発生しやすい）心臓に障害が発生したものと考えられている。

　GSHはまた、ビタミンCの再生にも利用されている。ビタミンCは、体内における代表的な抗酸化剤であり、活性酸素に水素や電子を与えて不活化するはたらきをもつ。あるいは、多くの酵素の補因子として、酵素反応に必要な電子を提供する。電子を提供すると酸化され、デヒドロアスコルビン酸などの酸化型に変換される。これを元の還元型に戻す酵素が存在するが、その中にGSHの水素を使ってビタミンCを再生する酵素が含まれているのである。

酸化ストレス（195ページのコラム5参照）という酸素に起因する毒性に対し、周期表で同じ族に属する（酸素の真下に位置する）イオウとセレンが使われているのは、実に興味深い現象ではないだろうか。

抱合反応の基質になるものにはこの他、トルエンの代謝で登場したグリシンのようなアミノ酸などがある。

次章では、無機物が発揮する毒性に焦点を当てることにしよう。

第5章

無機物の毒性

必須ミネラルにも毒性が

私たちの生命維持に必要な無機物は、大きく2種類に分けられる。ナトリウム（Na）、カリウム（K）、カルシウム（Ca）、リン（P）、マグネシウム（Mg）、塩素（Cl）、イオウ（S）の「マクロミネラル」（一日あたりの摂取量が比較的多いもの）と、鉄（Fe）、亜鉛（Zn）、銅（Cu）、クロム（Cr）、ヨウ素（I）、マンガン（Mn）、セレン（Se）、モリブデン（Mo）、コバルト（Co）の「ミクロミネラル」（一日あたりの摂取量が比較的少ないもの）である。いずれも必須なのだから、不足した場合に欠乏症を起こす一方、これらどの物質にも過剰症を起こす毒性がある。

日本では、ナトリウムの摂取過剰による高血圧が、長年の大きな健康課題となっている。和食は、バランスにすぐれた理想的な食事であり、ユネスコ無形文化遺産にも登録されているが、食塩やグルタミン酸ナトリウムなどを使って煮炊きするのが基本的な調理法であり、ナトリウムの摂取量を、食塩換算で一日あたり10g以下に抑制するのはなかなか困難である。初期段階の腎臓病でも食塩は一日6g以下に制限されるが、塩辛いものに慣れている日本人にはかなりハードルの高い制約である。

一方、砂糖で味をつけるのが主流の米国では、肥満が問題になっている。米国国立がん研究所

（NCI）のがん予防法の中に「食塩を5g未満に」という項目が含まれているのをみると、米国人にとって食塩を10g以下に制限するのは比較的簡単なようである。

ナトリウムはどのようなメカニズムで、過剰症を引き起こすのだろうか。食塩をとりすぎると、血液中のナトリウムイオン濃度が上がって浸透圧が高くなる。浸透圧とは、水に物質を溶かした際に生まれる圧力をいう。血液の浸透圧は脳によって常時、測定されており、高くなるとのどが渇く感覚が起こって水を飲むように促す。

浸透圧は血液の基本的な性質の一つであり、つねに一定に維持する必要がある。浸透圧が高くなると、ホルモンなどの作用で腎臓からの水の排出量を減らし、その結果として血液の量を増加させる。血圧は、血液の量が増えるほど上昇するので、食塩のとりすぎで浸透圧が高くなると、浸透圧を正常域に保つために血液の量が増えるという循環を経て、高血圧になっていく。

血圧を下げるために利尿剤を使うのは、この逆の発想からである。すなわち、血液の量を減少させることで、血圧を下げることを狙っている。

なお、ナトリウム、カリウム、カルシウム、マグネシウム、鉄、亜鉛、銅、クロム、マンガン、モリブデン、コバルト等は、0価の状態で存在している場合の名称である。たとえば、私たちがふつうに目にする、ピカピカ光る銅や鉄などの金属は0価の状態にある。それらが酸化されて陽イオンになって初めて、私たち生体が利用することができるようになる。したがって、体内におけるこれらは、必ずイオンの状態で存在する。

体内におけるナトリウムやカリウムは、つねに1価の陽イオンであるNa^{+}、K^{+}のかたちで存在する。ナトリウムやカリウムは、水に触れると激しく発熱しながら水素を出し、その水素が爆発する反応を起こす（$2Na + 2H_2O \rightarrow H_2 + 2NaOH$ + エネルギー）。イオンになる性質がきわめて強いので、一般の人が金属の状態で見る機会はまずない。実験室では、水に触れないように鉱油の中に入れ、カギのかかる金庫に保管してあるのが通常である。

カルシウム、マグネシウム、亜鉛は、つねに2価の陽イオン状態（Ca^{2+}、Mg^{2+}、Zn^{2+}）で存在する。カルシウムやリンも、水と激しく反応する性質をもつ。塩素は、ほとんど1価の陰イオン（Cl^{-}）として、また、大部分のリンは、周囲に酸素を四つ結合したリン酸の誘導体として存在する。鉄、銅、マンガン、モリブデン、コバルトなどは、体内で複数の価数をとる。

つづいて、いくつかの必須ミネラルの毒性について見ていこう。

コバルトの毒性

コバルトという名前は、山の精霊「Kobold」に由来するドイツ語「Kobalt」から来ている。

当初は、銅やニッケルを目的に鉱石が採取され、コバルト鉱石には価値がなく、有害なものとされていた。コバルトはビタミンB_{12}の構成成分として必須であるが、コバルト塩自体は必須ではない。

コバルトを専門に扱う労働者に皮膚のアレルギーや塵肺症（じんぱいしょう）などを引き起こすことに加え、動物実験では発がん性も疑われているが、医薬品として過剰に摂取した人や、コバルトを扱う労働者以外でコバルト中毒が起こった例はない。

鉄のために用意されたさまざまな生体機構

鉄の元素記号である「Fe」は、ラテン語の「ferrum」からとられたものだが、その由来は不明である。

鉄イオンは人体に必須であり、ヘムを含むタンパク質は、ヘモグロビン、筋肉にあるミオグロビン、呼吸系のミトコンドリアのシトクロム類、P450、ペルオキシダーゼ、NO（一酸化窒素）合成酵素などとして機能を果たしている。また、非ヘム鉄も、エネルギー産生などにおいて多くの細胞機能に関わっている。

ヘムの構造を図5－1に示すが、鉄イオンにピロール（52ページ図2－8⒃参照）の四つの窒素が配位結合している。配位結合とは、有機物中の孤立電子対が金属イオンに結合することをいう。ここまでに登場した共有結合とイオン結合にこの配位結合を含め、化学結合には計3種類がある。

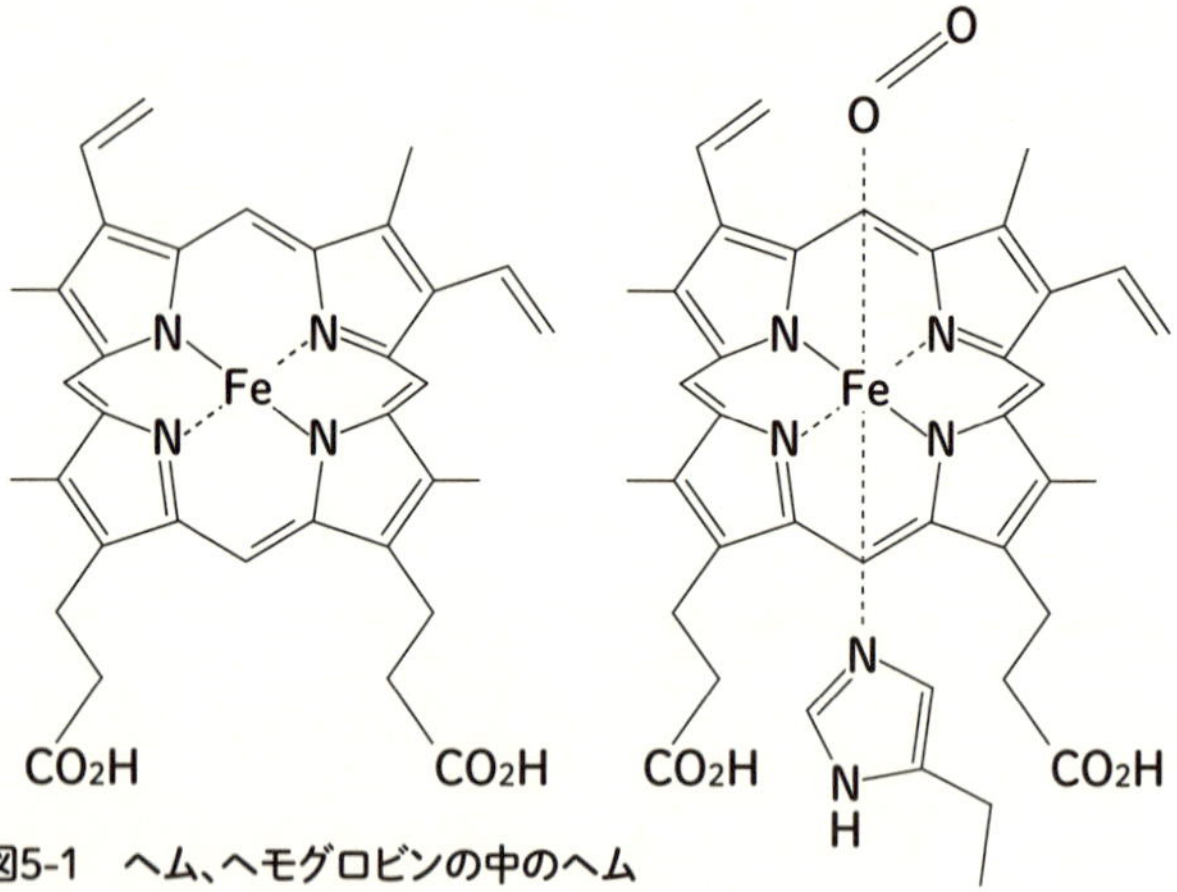

図5-1　ヘム、ヘモグロビンの中のヘム

ヘムの鉄を除いた有機物をポルフィリンといい、体内で合成される。つまり、ヘムは必須栄養素ではなく、アミノ酸のグリシン（52ページ図2－8(13)参照）と糖を原料として、多くの酵素反応を用いて体内で合成している。肺から全身に酸素を運搬する役目を担うヘモグロビンは、このヘムが、グロビンというタンパク質のポケットに収まったかたちで存在する。ヘモグロビン＝ヘム＋グロビンである。

図5－1に示したように、ヘモグロビンの中のヘムには、ヒスチジンというアミノ酸残基のイミダゾールという窒素を含む五員環の分子の窒素が下から配位結合している。そのおかげで、酸素が鉄イオンに安定的に結合でき、全身に酸素を運ぶことができる。グロビンがなければ、ヘムは酸素と安定な結合をつくれない。ヘムの鉄は2価イオン（Fe^{2+}）になっている。

血液が赤いのはヘムが赤いためで、タンパク質自体には色はない。細胞内では、ヘムの量がグロビンの合成量を調節していて、余分にグロビンが合成されるような不経済なことは起こらず、実に巧妙に調節されている。

空気中の鉄イオンは主に、酸素によって酸化された3価の状態で存在する。しかし体内での鉄は、2価イオンのかたちで主として十二指腸から吸収されるため、鉄イオンを吸収するためには、鉄は腸の細胞膜に存在する還元酵素やビタミンCのような還元剤によって、2価に還元される必要がある。

2価の鉄イオンは、2価金属トランスポーター1（DMT1：divalent metal transporter 1）というタンパク質によって吸収された後、ふたたび3価の鉄イオンへと酸化され、トランスフェリンという鉄を専門に輸送するタンパク質と結合して肝臓や骨髄などに運ばれていく。そこで、フェリチンというタンパク質と結合した状態になって貯蔵されるのである。もちろん、全身のあらゆる細胞にとって鉄は必須であるため、血液中に存在するトランスフェリンに結合したかたちで供給されていく。

一方、ヘムは主に十二指腸に存在するヘム輸送タンパク質-1（HCP-1：heme carrier protein-1）によって吸収される。吸収後にそのままヘムとして使われるのではなく、ポルフィリンの部分がヘムオキシゲナーゼという酵素で壊され、鉄イオンが取り出されて利用される。食事から吸収される鉄は、一日あたり1～2㎎程度である。

鉄のもう一つの顔

鉄イオンの輸送と貯蔵のために、それぞれ別種のタンパク質が準備されている。私たちの体はなぜ、そこまで鉄に気を使うのだろうか？

実はここにも、必須ミネラルによる中毒が関係している。鉄イオンが体内で遊離状態になる（タンパク質と結合せずにふらふらさまよう）と、後述するフェントン反応が起こって反応性の高いヒドロキシルラジカルを発生し、細胞に損傷を与えてしまうからである。

すなわち、生命の維持に必要不可欠な鉄イオンは、同時にきわめて危険な存在でもあるので、特別にタンパク質を準備して、つねに結合状態にしておくのである。これもまた、私たちの体が備えた精妙な防御のシステムである。

ヒトは全身で3～5gの鉄をもち、その70％がヘモグロビンに存在する。ヘムの状態では、四つの窒素にがっちりと取り囲まれていて、そこから抜け出すのは容易ではない。いわばしっかりつなぎ止めることで、身の安全を確保しているのである。

しかし、万一ヘムがタンパク質から抜け出てしまうと、非常に危険である。そのため、血液中にはヘムを結合して肝臓に輸送するヘモペキシンというタンパク質が用意されている。ヘモペキシンによって肝臓に運ばれたヘムは、二つの酵素の力でビリルビンという分子に変換される。ビリルビンは肝臓から胆嚢（たんのう）に捨てられ、胆汁の中に入って腸に出ていく。きれいな黄色をしたビリルビンは腸内細菌によって分解され、その生成物の色が大便の色になる。大便の色は、私たちの体が危険なヘムを解毒した結果であり、いわば勝利の色なのである。

赤血球の寿命は120日ほどで、全身の赤血球の120分の1が毎日分解されている。グロビンはアミノ酸に分解されて再利用され、ヘムも前記のシステムによって分解されてビリルビンが生成する。肝臓に病気が生じ、ビリルビンがうまく胆汁に排出されなくなると、血液中に漏れ出ていってしまう。これが目や皮膚に蓄積して黄色くなるのが、黄疸（おうだん）である。

欠乏するのも過剰に増えるのも避けなければならない鉄の量は、厳密にコントロールされている。古くなった赤血球は、脾臓（ひぞう）のマクロファージという細胞（貪食能力をもつ白血球系細胞）によって壊され、ヘムも分解されて鉄イオンは回収される。この、赤血球をリサイクルすることで得られる鉄は一日あたり約25㎎と、食事からの摂取量よりはるかに多い。つまり、鉄の利用は、体内において半閉鎖系で行われているのである。このため、月経や臓器からの出血等がなければ、ヒトは鉄欠乏にはなりにくい。

マクロファージも腸の細胞も、フェロポーチンという鉄の排出タンパク質を通じて鉄イオンを血液中に排出する。排出された鉄はトランスフェリンと結合して骨髄に戻り、ふたたびヘモグロビンになる。食べもの由来の鉄は主として十二指腸で吸収され、やはりフェロポーチンによって血中に排出され、トランスフェリンと結合して全身に分配されていく。

　血液中の鉄イオンが増えると、トランスフェリンに結合する鉄イオンが増加する。肝臓がそれを検知し、ヘプシジンというホルモンを分泌する。ヘプシジンはフェロポーチンと結合し、フェロポーチンを細胞内のリソソームという小器官に誘導する。リソソームは、不要なタンパク質を分解するはたらきを担っており、運ばれてきたフェロポーチンを分解する。

　このようにして、血液中に流入する鉄の量を減少させるのである。鉄が欠乏した場合には、これとは逆のメカニズムがはたらく。こうして、ヘプシジンとフェロポーチンによって、全身の鉄の量が厳密に調節されている。鉄はきわめて重要かつ、生体にとって非常に危険な物質でもあるので、ここで紹介したもの以外にも、鉄を調節するタンパク質が新たに発見されるかもしれない。

　鉄中毒というのはほとんどないが、たとえば硫酸鉄を大量に服用すると、腹痛や下痢、嘔吐（おうと）、肝障害を起こしたり、心臓の機能が破綻し、死にいたることもある。鉄剤を長期に服用したり輸血を繰り返したりするなどしなければ、鉄過剰症は起こらない。問題になっているのは、若い女性を中心とした鉄欠乏性貧血である。

銅の毒性

銅は、メソポタミアでは紀元前3000年ごろから青銅（銅とスズの合金）として使われてきた。人類との関わりの歴史の長い無機物の一つである。ラテン語で「cuprum」とよばれていたものが、英語化して「copper」になったとされる。

口から入った銅イオンは小腸で吸収される。血液中では銅結合タンパク質に結合しており、最終的に肝臓で貯蔵される。銅イオンも鉄イオン同様、酸化還元反応を行うことができるので危険なイオンであり、そのために特異的な結合タンパク質が存在する。

銅イオンもまた人体に必須で、ミトコンドリアなどで酵素の補因子として機能する。通常の状態では、胆汁に排泄されることで体内で一定量に維持されている。硫酸銅溶液などを大量に飲むと肝細胞の壊死（えし）が起こり、死亡することもある。現時点で、発がん性は確認されていない。

マンガンの毒性

マンガンは多くの酵素の補因子であり、必須金属である。ふつうの生活をしていれば中毒になることはないが、長年マンガン鉱山などではたらいた労働者では、マンガンが脳に蓄積し、パーキンソン病に似た神経障害が出ることがわかっている。

セレンの毒性

セレンは、同族元素であるテルル（地球を意味するラテン語の「tellus」からの命名）の後に発見されたが、テルルに伴って産出することから、ギリシャ語の月「selene」にちなんで名づけられた。前述のとおり、セレンは、過酸化水素などを分解するグルタチオンペルオキシダーゼにとって重要な元素であり、必須元素であるが、過剰摂取で毒性を示す。しかも、必要量と中毒を起こす量が比較的近い難物でもある。

かつては、104ページ図4-16に示したセレノシステインが、グルタチオンペルオキシダーゼのようなタンパク質にどのように入るのかについて大きな疑問がもたれていた。その疑問は、タンパク質がつくられるしくみと関係している。

タンパク質を合成する（翻訳という）際には、DNAの配列をmRNA（メッセンジャーRNA）に転写し、3文字の塩基によって指定されるコドンに従って、それぞれのアミノ酸を結合するtRNA（トランスファーRNA）がmRNAのところにやってきて、アミノ酸を順番に結合させていく。アミノ酸を規定するのは、4種類の塩基から構成される3塩基のコドンなので、4の3乗で64通りの順列がある。アミノ酸は20種類なので重複するコドンもあるが、すでにすべてのコドンに対応するアミノ酸が確定していて、セレノシステインのためのコドンが残っていなかったのである。

その後の研究で、セレノシステインはタンパク合成の終わりを示すRNAのストップコドン（終止コドン）であるUGAを使っていることがわかった。mRNAにセレノシステイン挿入配列がある場合、タンパク合成の終わりを指定するUGAがセレノシステインをコード（規定）していたのである。

セレノシステインtRNAは、まずセリン（図4-16）と結合し、結合したセリン残基がセレノシステイン合成酵素によってセレノシステインに変換される。セレノシステインを結合したtRNAは、特殊型の翻訳伸長因子に結合して、セレノタンパク質のmRNAを翻訳しているリボソームを認識する。次いでリボソームにセレノシステインtRNAを送り込み、セレノシステインがタンパク質に入り込むという、非常に手の込んだ機構であった。

セレンの急性中毒では、嘔吐につづいて、肺水腫と心臓の障害が現れる。慢性のセレン中毒になると、爪がなくなるなどの皮膚症状と麻痺などの神経障害に襲われる。

環境中の存在量が多いために、食品にもセレンが多く含まれる地域が中国の一部やベネズエラ、米国・サウスダコタ州にあり、皮膚が黄色に変色したり、歯列の異常、皮膚の発疹、手足の爪の異常などが見られることがある。ただし、このような場所でないかぎり、ふつうの食事をしていてセレンが欠乏したり中毒になったりすることは考えにくいので、わざわざサプリメント等を服用してまでセレンを摂る必要はない。

非必須ミネラルの毒性――ヒ素の場合

つづいて、非必須ミネラルがもつ毒性について見ていこう。まずはヒ素から。
ペルシャ語の「Zarnikh」という言葉が、ギリシャ語で雄黄（硫化ヒ素の黄色の塊で黄色染料になる）を意味する「arsenikon」になり、これが英語に入って「arsenic」となった。ヒ素は、古代から暗殺に使われてきた代表的な毒物である。三酸化ヒ素（As_2O_3）のLD_{50}は15mg／kgであり、青酸カリに近い毒性をもつ。

ヒ素は、コンピュータなどに使われる半導体の材料として多用されており、いわゆる「ハイテク汚染」の可能性が指摘されている。ハイテク産業では、ヒ素のような有毒な無機物だけでなく、洗浄のために多量の有毒な有機溶媒をも使用する。実際に、シリコンバレーをはじめとするいわゆるハイテク産業集積地に環境汚染が頻発している。コンピュータの発達は短時間で進み、オペレーティングシステム（ＯＳ）が変わるたびに大量の廃棄物が出されるので、毒物の厳格な管理が求められる。

ヒ素の強い毒性に注目して、軍事的には毒ガスとして使用されてきた歴史がある。第二次世界大戦で使われた「ルイサイト1」という毒ガスの構造を図5-2左に示す。ルイサイトが皮膚に

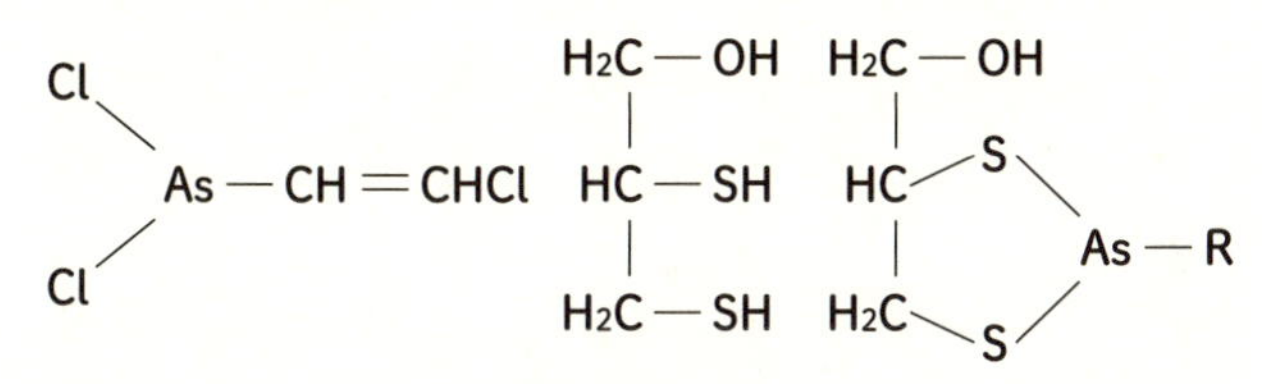

図5-2　ルイサイト1、2,3-メルカプトプロパノール（BAL: British anti Lewisite）、BALとルイサイト1の結合物（Rはルイサイトの残りの部分を示す）

付着すると、疼痛を伴って発赤や水疱を生じ、ケロイドが形成されて患部の深いところまで到達する。皮膚から吸収され、血液を介して全身にまわったルイサイトは、肝臓と腎臓に壊死を起こす。呼吸器系に侵入すると、肺水腫を起こして死にいたる。目に入っただけでも激しい疼痛を起こして失明にいたるという、きわめて非人道的な毒ガスである。

ヒ素化合物はチオールとの反応性が高く、生体成分の重要なチオールに結合して、その機能を奪うことで生体障害を引き起こす可能性がある。それに注目したオックスフォード大学のグループが、チオールを二つもつ、2，3－メルカプトプロパノールを合成した（図5－2中）。これを実際に使ってみると、ルイサイト中毒に有効であることがわかった。

彼らは、ルイサイトに対して解毒作用をもつこの化合物を「BAL：British anti Lewisite」と命名した。直訳すれば、「英国の抗ルイサイト薬」である。

BALは図5－2の右端に示したように、二つのチオールでヒ素をしっかり捕まえることで、他のチオールを攻撃させないようにしていると考えられる。このように、分子内の複数の基で金属を結合することをキレート（chelate）という。カニのハサミを語源とする名称である。

ＢＡＬのようにキレートを生成するキレーターは、有効に金属類を捕まえることができる。この性質を利用して、ＢＡＬは、ウイルソン病という体内に銅イオンが沈着する病気をはじめ、鉛中毒や水銀中毒の治療にも用いられた。関節リウマチの治療に金塩が使われるが、その副作用の治療としても使われた実績がある。かつて梅毒の治療にサルバルサンというヒ素化合物が使われたことがあるが、この副作用の改善にもＢＡＬは効果を示した。

ヒ素が発がん剤であることは判明しているが、前骨髄球性白血病の治療に応用されている。ヒ素は3価か5価のかたちで自然界に広く存在する。日本の水道水には、水道法第４条に基づく「水質基準に関わる省令」でヒ素を０・０１㎎／Ｌ（10ｐｐｂ〈ｐｐｂは10億分の１〉）以下にするよう規定してあるが、バングラデシュでは50ｐｐｂを超える井戸水を利用せざるを得ない地域が存在する。ヒ素濃度の高い飲料水はアジアの他の国々でも見られ、その発がん性が懸念されている。

カドミウムの毒性

カドミウムは、ニッケル・カドミウム電池、メッキや染料、プラスチックの安定剤などとして広く使われている。空気中に存在し、気道からも吸収されている。土壌に存在するカドミウムは植物に吸収されるため、米などの食品にも広く分布している。カドミウムは2価イオン（Cd^{2+}）として、消化器から5～10％程度吸収される。血液に入ったカドミウムは、アルブミンなどのタンパク質に結合して肝臓に輸送される。

肝臓に運ばれたカドミウムは、60個程度のアミノ酸が結合したメタロチオネインというタンパク質を誘導する。メタロチオネインがもつアミノ酸の3分の1にあたる20個はシステインであり、そのチオール基でカドミウムをはじめ、亜鉛や銅、水銀イオンなどを結合する。メタロチオネインと結合したカドミウムは、肝臓に貯蔵される。

カドミウムが増えてくると、カドミウムを結合したメタロチオネインは肝臓から血液中に放出され、腎臓に貯蔵されるようになる。腎臓ではメタロチオネインが分解されるため、遊離してイオン状態となったカドミウムは腎尿細管の細胞に細胞死を起こし、炎症や線維化を引き起こす。

米などに含まれるカドミウムを原因として富山県で発生したイタイイタイ病では、主に高齢女性に腎障害とともに骨の障害が起こり、容易に生じる骨折の痛みからこの病名がつけられた。そのような症状が起こる理由として、カドミウムのカルシウム代謝や骨を構成するコラーゲン合成などへの関与が考えられている。

カドミウムには発がん性もあり、職業として気道から吸収する量が多い鉱山関係の労働者に肺がんが起こることがわかっている。前述のように、腎臓に蓄積するカドミウムは、腎臓がんも引き起こす。

鉛の毒性

鉛は、数千年にわたって人類が使ってきた金属である。

ローマ帝国は鉛中毒で滅亡したといわれることがあるが、真偽のほどはわからない。鉛が水道管などに使われていたことは事実だが、水道管からそれほど多量の鉛がイオン化して出てくるかどうかについては疑問も残る。現在では自動車の蓄電池などに大量に使われており、今でも鉛中毒は発生している。

かつて鉛は、白いペンキや白粉(おしろい)に使われていてひんぱんに中毒を起こした。大名家の乳母が体にも白粉のようなものを塗っていて、授乳のときに跡継ぎの乳児が鉛を吸収したことで鉛中毒が発生したという話もあるが、真偽は定かではない。一方、米国では、子どもが家に塗ったペンキの破片を食べたことから鉛中毒事件が起こった。

鉛は2価イオンの状態で血液に入るが、子どもの消化器からの吸収率は40%と、成人の3倍にも及ぶ。吸収された鉛(以下、つねにイオンの状態にある)は血液中に入り、子どもの不完全な

BBB（血液脳関門）を突破して脳に侵入する。血液中の濃度が70μg／dLを超えると、鉛脳症を起こす。それより低濃度の10μg／dLでも、IQの低下が起こることがわかっている。

成人では、鉛中毒で起こる主な臨床症状は貧血である。鉛は全身に分布するが、最も多く蓄積するのは骨である。骨への鉛の蓄積量は血液中の鉛濃度にも反映され、50μg／dL程度になると貧血を生じさせる。骨髄で行われるヘム合成経路のいくつかの酵素を鉛が阻害することで、ヘム合成ができなくなるためである。ヘム合成ができなければ、当然ヘモグロビンをつくることはできない。

鉛はどのようにして、ヘム合成を妨げるのだろうか。たとえば、ヘム合成酵素系の一つであるδ‐アミノレブリン酸脱水酵素の場合には、この酵素がはたらくために必要なシステインに結合した亜鉛イオンが、鉛イオンに置き換わるために酵素が失活するという直接的効果である。鉛は、チオール基と結合する力が亜鉛よりずっと強いため、亜鉛が追い出されてしまうのだ。一般に、重金属はチオールに結合する力が強く、チオールが酵素の機能に必須であることが多いため、これらに重金属が結合するとそのはたらきが阻害されることになる。

ヘムを合成する一連の酵素反応には相当の予備能力があり、かなりの程度阻害されないかぎりは、最終生成物であるヘムの減少は起こらない。先のδ‐アミノレブリン酸脱水酵素でいえば、80～90％の酵素が阻害されるまではヘム合成は減少しない。鉛の蓄積が増えてヘムの合成量が低下すると、血液中の鉛濃度上昇とともにヘモグロビン量低下という貧血を示す臨床症状が現れ、鉛中毒と診断できるようになる。もっと鋭敏な臨床指標があれば、もっと早期に鉛中毒が把握できるはずで、このような研究も行われている。

鉛には、直接的に遺伝子を変異させる能力はないが、発がんを促進する作用をもつと考えられている。

鉛にエチル基（エタンの水素が一つとれたもの。46ページ図2－4⑵参照）が四つ結合した、テトラエチル鉛という有機鉛がある。常温で液体、脂溶性のために皮膚から吸収され、強い中枢神経毒性をもつ。テトラエチル鉛はかつて、アンチノック剤としてガソリンに添加されていた。広く環境にばらまかれるため、世界的にガソリンの無鉛化が進み、現在の日本では使われていない。

水銀の毒性

水銀は唯一、常温で液体状態にある金属である。

水銀もまた、古代から人類が使用してきた金属であり、他の金属と簡単に反応してアマルガムという合金をつくる。奈良の大仏をつくる際に金アマルガムを塗り、その後、熱で水銀を蒸発させて金メッキを行う工法が用いられたが、それによって水銀中毒が大量発生したといわれている。

現在でも、アマゾン川流域では、砂金をとるために水銀を使ってアマルガムをつくり、熱で水銀を蒸発させる方法が大規模に用いられており、水銀汚染が懸念されている。

無機の水銀イオンは、腎臓に毒性を示す。有機水銀の代表であるメチル水銀（CH_3HgCl）は、消化管から95％以上吸収され、機構は不明だが血液脳関門を越えて脳に入り、種々の症状を引き起こす。

水俣病で明らかになったように、メチル水銀は胎盤を通過して胎児に神経障害を与える。胎児はメチル水銀に対する感受性が高く、臍帯血中（さいたいけつ）のメチル水銀濃度は母親の血中よりも高いため、非常にリスクが高くなってしまう。

メチル水銀の起源は不明だが、微生物や貝などが水銀イオンの解毒のために酵素を使ってメチル化し、海中に排出していると考えられている。メチル水銀は食物連鎖によって生物濃縮を起こし、大型の魚やクジラでは、海水の1万倍以上の濃度になる。メチル水銀に関しては、2003年のFAO／WHO合同食品添加物専門家会議（JECFA）において、疫学調査の結果をふまえて、妊婦が大型の魚やクジラを摂取することについて注意喚起が行われた。

これを受けて厚労省は、魚に含まれる水銀やメチル水銀の濃度測定を行い、疫学調査も考慮して、メチル水銀の耐容週間摂取量を、水銀として2・0μg／kg体重／週と定めた。これに基づいて、妊婦の大型魚の摂取量として、キンメダイ、メカジキ、クロマグロ、メバチマグロは一回80gとして週1回、キダイ、マカジキ、ミナミマグロなどは一回80gとして週2回までとした。

一方で、小さな魚ではメチル水銀の含量がはるかに少ないこと、大きな魚にもドコサヘキサエン酸などの重要な栄養素が含まれることから、魚の摂取そのものは勧めている。

かつてどの家庭にもあった水銀体温計が割れてしまい、内部の水銀が飛び散ったときには、子どもは親に、強い調子で絶対に触らないよう注意されたものである。しかし、体温計が壊れてたとえ水銀を飲み込んでしまっても、金属状態の水銀は0価であり、胃の中の塩酸に溶けることはほとんどない。せいぜい0・01％程度しか吸収されないので、まず毒性を示すことは考えられない。むしろガラスの破片のほうが危険だったかもしれないが、ほとんどの体温計が電子式に置き換えられた今となっては、いずれにしても懐かしい話である。

コラム3 ヘムについて──その多様なはたらき

動物の体内でヘムを含むタンパク質（ヘムタンパク質）には、いくつかの種類がある。

酸素を運搬するヘモグロビンや筋肉で酸素を貯蔵するミオグロビン、ミトコンドリアでエネルギーを生み出すシトクロム類、過酸化水素を分解するカタラーゼ、過酸化水素を用いてさまざまな分子を酸化するペルオキシダーゼ、薬物代謝に関わるシトクロムP450、血管内皮細胞やマクロファージでアミノ酸のアルギニンから一酸化窒素（NO）を合成するNO合成酵素などである。

NOは、生体内では数秒で亜硝酸や硝酸に酸化されるが、血管内皮細胞から出されるNOは動脈の平滑筋細胞のヘムタンパク質の一種と結合して、血管の緊張を弛緩（しかん）する機能をもつ。NO合成酵素は女性ホルモンのエストロゲンによって誘導されるので、閉経前の女性が動脈硬化になりにくい原因の一つと考えられている。

また、マクロファージから出されるNOは、微生物のエネルギー産生系のヘムタンパク質に結合して、エネルギーをつくれないようにすることで微生物を殺す作用をもっている。

ヘムは、酸素、NO、一酸化炭素（CO）と結合する性質がある。NOやCOが人体にとって有毒なのは、このせいである。この両者は、ヘモグロビンの2価鉄に対して酸素より強く結合するので、全身に酸素が運搬できなくなるのだ。

ところで、鉄2価のものをヘム、3価のものをヘミンというが、シアンイオン（CN^-）はヘミンに強く結合する。青酸カリを飲むと、胃の塩酸によって青酸（HCN）に変化する（KCN＋HCl→HCN＋KCl）。青酸は容易に細胞膜を通過するので、胃から血液中に移動し、脳のミトコンドリア内にある、呼吸系のシトクロムに含まれるヘミンの3価鉄に強固に結合してしまう。その結果、ヘミンの3価鉄は3価から変化できなくなる。エネルギーを産生するためには、シトクロムのヘムの鉄イオンが2価と3価の間を迅速に相互変換する必要があるため、これによりエネルギーがつくれなくなってしまう。

青酸カリで自殺しようとした人を助けるために、亜硝酸アミルや亜硝酸ナトリウムを投与するが、これらは、大量に存在する血液中のヘモグロビンのヘムの一部を酸化して、ヘミンになったメトヘモグロビンに変換させる。脳のヘミンに結合したシアンイオンを、血液中に大量発生したメトヘモグロビンで奪い取ることで解毒を目指すものである。

第6章

"毒"としての放射性物質をどう考えるか

２０１１年３月11日の東北地方太平洋沖地震と、それに伴う津波によって発生した福島第一原子力発電所の事故以来、放射性物質に対する関心が非常に高まっている。このような事故に起因するものだけでなく、放射線は自然界に、つまり私たちの身のまわりにつねに存在している。

いわゆる毒のイメージとは異なるかもしれないが、私たちの体のはたらきを維持するしくみに障害を及ぼし、健康被害を与えるものという観点から、放射線の影響をどう考え、対処していくかという問題も、広い意味での中毒学に含まれている。本章では、放射線が私たちの体にもたらす影響を〝毒〟としてとらえ、中毒学の知見に基づく科学的な対処法について考えていく。

「完璧な安全」は存在しない

過去にも現在にも、完全に安全な環境や食品というものは存在していない。

近年、「安全・安心」という言葉がセットとしてよく使われる。安全性は科学的に評価することが可能だが、安心は個々人の心理に基づくきわめて感覚的なもので個人差が大きく、科学的（定性的・定量的）に評価することは難しい。誤った知識によって不安が煽られることもあれば、逆に誤った知識ゆえに安心感を覚えてしまうというケースさえあり得る。

まったく危険性のない状態、すなわちゼロリスクを要求する人もいるが、放射線を含む多くの毒物に対してそれを実現するのは不可能である。少しきつい言い方をすれば、科学的に無意味である。

前章までに見てきた鉛や水銀、カドミウムなどの有害な重金属やヒ素なども、地表付近には、平均的にはクラーク数とよばれる割合でつねに存在している。地球上のあらゆる場所の空気や水、食品を、現代のきわめて高感度な分析機器にかければ、微量の発がん物質や有害物質が必ず一定量検出される。

放射線も同様で、自然界にはもともとカリウム40やルビジウム87、トリウム232、ウラン238、トリチウム（T）、ベリリウム7、炭素14などの放射性同位元素が存在するし、宇宙線もたえず降り注いでいる。

生物にとって必須元素の一つであるカリウム（原子番号19）の93・3％は、原子量39の安定な原子である。しかし、その0・01％は放射性のカリウム40（^{40}K：半減期＝12・5億年）で、ベータ線を放出してカルシウム40に変化したり、ガンマ線を放出してアルゴン40に姿を変えたりする。ここで登場する39や40などの数字は、原子量を指している。

^{40}Kは当然、私たちの体内にも存在している。その量は、体重60kgのヒトで4000ベクレル程度である。

1秒間に一つの原子核が崩壊して放射線を出す場合の放射能の単位が1ベクレルなので、体重60kgのヒトの体内では、1秒間に4000個の^{40}Kが崩壊していることになる。ヒトと同様、牛肉や魚にも1kgあたり100ベクレル程度の^{40}Kが含まれている。ドライミルクやホウレンソウには同じく1kgあたり200ベクレルほどが、米にも約30ベクレルが含まれていて、原理的にこれ以下にすることは不可能である。

食品の規制値を決める際に、決して0ベクレルにならないのはこうした理由による。「はじめに」で指摘したように、「含まれているかどうか」ではなく、「どの程度の量で、どの程度の影響が出るか」という量的な議論をすることが重要な所以（ゆえん）である。

科学的に評価できないその影響

カリウムイオンは、すべての生物に含まれている。食品の成分として毎日摂取する一方で、尿などに排出するので、私たちの体内には常時、ほぼ一定量が存在している。カリウムは必須元素だが、このカリウムと化学的性質が似た非必須元素に、セシウム137（^{137}Cs：半減期＝30年）がある。

^{137}Csが体内に取り込まれた場合には、カリウムとともに排泄されていく。体内に蓄積した放射性物質が代謝や排泄によって体外に出され、当初の半分の量にまで減る時間を生物学的半減期とよぶ。^{137}Csの生物学的半減期は、1歳までの子どもで9日、9歳までは38日、30歳までは70日、50歳までは90日と、年齢とともに上昇していく（すなわち、加齢によって代謝・排泄が遅くなる）。

30ベクレルなどの言い方が示すように、30個などと具体的な個数で原子を測定できるのも、放射性物質の特徴である。放射線はエネルギーが高く、光に変換して正確に検出できるためである。水なら18gの中に水素原子が2×6×10^{23}個、酸素原子が6×10^{23}個も存在している。たとえば、砂1kgの中に非放射性の水が100万個存在しているとしても、これを化学分析で検出することは不可能である。腫瘍(しゅよう)に取り込まれやすい放射性の金属イオンやポジトロン(陽電子)を放射する原子を含むグルコースを投与することで、がんを検出するポジトロン断層法(PET)などが有効なのは、その検出感度の高さによる。

自然界には、^{40}K以外の放射性物質ももちろん存在する。全炭素の中で1兆分の1を占める炭素14(^{14}C)は、放射性炭素年代測定法に使われることでも知られている。

放射性物質の影響は、アルファ線、ベータ線、ガンマ線とよばれる放射線の種類や、それを放射する放射性同位元素ごとに異なる。そこで、それらを生物学的影響に換算したものがSv(シーベルト)という単位である。

自然放射線によって、日本人は一人あたり年間平均2・1mSv(ミリシーベルト:1000分の1シーベルト)を被曝している。国際平均は2・4mSvなので、日本は比較的、自然放射線が少ない地域といえる。たとえば、ブラジルのガラパリでは10mSv、イランのラムサールではなんと200mSvもの年間被曝量があるが、これらの地域における発がん率の上昇は認められないとされている。もっとも、200mSvの放射線被曝による発がん率の上昇は1%程度と見積もられているため、その影響を正確に検出しにくいということも考えられる。

100mSvで発がん率が0・5%上昇するとされているが、それ以下の被曝量で発がん率の上昇があるかどうかは不明である。つまり、100mSv未満の被曝に関しては、科学的に発がんの増加を証明できない。この0・5%の評価に関して、大きいと考えるか小さいととらえるか、各人各様の考え方があるだろう。まさに、「安心」に含まれる領域である。

食品からの被曝量は年間0・99mSv

日本人が一年間に被曝する自然放射線2・1mSvのうち、食品によるものは、先述の^{40}Kを含め、0・99mSvとされている。なお、アルファ線はヘリウムの原子核そのものであるため十分に大きく、またベータ線は電子であることから、両者は比較的簡単に防ぐことができる。したがって、実際上の問題となる放射線はガンマ線である。

ガンマ線は電磁波、すなわち光の一種である。光は粒子であると同時に波としての性質ももち、私たちの目に見える可視光線の波長域は400～800nmほどである。それより波長の長い光が赤外線とよばれ、さらに長いと電波に区分される。可視光線より波長の短い光が紫外線である。光のエネルギーは波長が短いほど高くなるので、赤外線より波長の長い光が生体内の化学反応、すなわち私たちの健康に影響を及ぼすことはないが、紫外線には皮膚にがんを引き起こす能力がある。

紫外線よりも波長が短い光をX線という。いわゆるレントゲン検査に使われ、私たちの体を透過していくことからも、そのエネルギーの高さが理解できる。そのX線より、さらに波長が短く、高いエネルギーをもつ光がガンマ線である。X線やガンマ線は、私たちの体内で水を分解して、ヒドロキシルラジカルという分子を発生させる。最も反応性の高い活性酸素であるこのヒドロキシルラジカルが遺伝子を損傷し、やがてがんの発生へとつながっていく。

東京―ニューヨーク間を飛行機で往復すると宇宙線によって0・11～0・16mSvを、胸部X線の検査を1回受けると0・06mSvを被曝する。なお、妊娠したことに気づかずにX線検査を受けたことで、奇形児が生まれるという俗説があるが、線量から考えて、そのようなことはまずありえない。広島、長崎の原爆で胎内被曝した人たちの平均子宮線量について、180mSvというきわめて大きな数値が推定されているが、3000人の追跡調査によって白血病や小児がんの増加には結びついていないことがわかっている。

一方、自然に起こる先天異常は4～5%あるとされている。病気の起こりやすさは通常、「人口10万人あたりで何人」という数字で示す。たとえば、厚生労働省による統計では、2015年の日本人のがんを含む悪性新生物による死亡率は、人口10万人あたり295・2である。これが、日本人の死因のトップであることを考えると、先天異常の4～5％というのは非常に高率である。誤解のないように申し添えるが、この先天異常はふつうの生活をしていても起こるものである。放射線などに起因する可能性については、科学的には証明できないということを繰り返し強調しておく。

発がんリスクを高める要因としての放射線被曝

ところで、1回の胸部CT検査で6・9mSvの被曝があるとされる。がんを発見するためにCT検査を受けるのは、放射線を浴びるリスクに対して、がんを発見するベネフィットのほうが大きいという判断がはたらくからである。日本人の医療用放射線被曝量は年平均2・25mSv程度とされる。原子力発電所ではたらく人の、平時の許容限度が年間50mSvである。

原子力発電所の事故や核実験等による、本来必要のない放射性物質は、存在しないほうがいいに決まっている。しかし、残念ながら実際に存在する以上、冷静な対応が必要である。

国立がん研究センターの2005年のデータによれば、生涯でがんに罹患する確率は、男性で54％、女性は41％となっている。発がんリスクの上昇は、受動喫煙の女性で2～3％、運動不足の人で15～19％、BMI（体重kgを身長mの2乗で割った数値）が30以上の肥満男性で22％、BMIが19未満のやせ型の男性で29％、喫煙で60％、大量飲酒（アルコールにして週450g以上）で60％とされている。

　このような生活習慣による影響と比較したとき、100mSvで0・5％の発がん率上昇という放射線被曝の影響をどのように評価すべきだろうか？

　2011年のロシア政府による報告書、『チェルノブイリ事故25年　ロシアにおけるその影響と後遺症の克服についての総括および展望1986〜2011』（『放射線医が語る被ばくと発がんの真実』中川恵一、ベストセラーズ〈2012〉）には、子どもの甲状腺がんなど、放射線によるさまざまな障害について述べた後に次の文章が記されている。

「事故に続く25年の状況分析によって、放射能という要因と比較した場合、精神的ストレス、慣れ親しんだ生活様式の破壊、経済活動の制限、事故に関連した物質的損失といったチェルノブイリ事故による他の影響のほうが、遥かに大きな損害を人々にもたらしたことが明らかになった」

　確かに、精神的ストレスや生活様式の破壊などは、同地において今なお大きな問題でありつづけている。それをふまえると、原発事故後および放射性物質の処理だけでは、被災者への支援が十分でないことを示している。

　このようなことを意識したかどうかは定かではないが、チェルノブイリ原発事故では年間被曝線量が5mSv以上となる地域の住民に強制避難が行われたのとは対照的に、福島では避難指示解除準備区域（引き続き避難指示が継続されるが、復旧・復興のための支援策を迅速に実施し、住民が帰還できるよう環境整備を目指す）として、年間被曝線量20ｍSv以下が基準とされている。20ｍSvという基準は妥当かもしれないが、子どももいることであり、実際に子どもが活動する範囲をすべて含めて20ｍSv以下なのかどうかなど、気になる点はある。

食品に含まれる放射性物質に関しては、２０１１（平成23）年10月の食品安全委員会委員長談話で「食品からの追加的な被ばくについて検討した結果、放射線による健康への影響が見いだされるのは、通常の一般生活において受ける放射線量を除いた生涯における追加の累積線量として、おおよそ１００ｍSv以上と判断した」と述べられている。これについてはどう考えるべきだろうか？

このような値から食品中の放射性物質の規制値が決まっていくと考えられる。さまざまなことを勘案してどのような結論を出すのか？――最終的には国会の議論を経て決まることになる。みなさんが投票される候補者や政党に、意見を聞いてみられるといいだろう。

第 7 章

毒性を発揮するさまざまな物質

私たちが食品を通して、あるいは薬剤を通じて体内に取り入れる物質には、さまざまな毒性を発揮するものが含まれている。かつて痛ましい事件や事故を経験したことで、使用禁止や規制を受けている化合物も数多く存在する。どんな物質がどんなメカニズムで、私たちの生体システムにどう障害を与え、健康をむしばみうるのか。

本章では、前章までに取り上げなかった各種の物質がもつ毒性について、概観する。

生体異物がもたらす酸化ストレス

生体内に酸化ストレス（195ページのコラム5参照）を引き起こすことで組織障害をもたらすものとして、除草剤のパラコートを例に考えてみよう（図7－1）。

パラコートは、二つのプラス電荷をもつため（特殊な状況を除いて、すべての分子は電気的に中性であり、食塩のNa^+がCl^-という対になるイオンをもつように、全体でプラスマイナスゼロになるようになっている。パラコートの対イオンもCl^-だが、ここでは省略）、その部分にマイナス電荷の電子を受け入れやすい性質がある。

パラコートは植物細胞に入った後、光合成の電子伝達系から電子を奪う。電子を得たパラコートは、矢印の下に示すようにプラス電荷が消えてラジカル（遊離基）になる。ラジカルとは、不対電子をもつ分子をいう。この分子は、先ほど奪った電子をこんどは与えやすい性質をもつ。そ

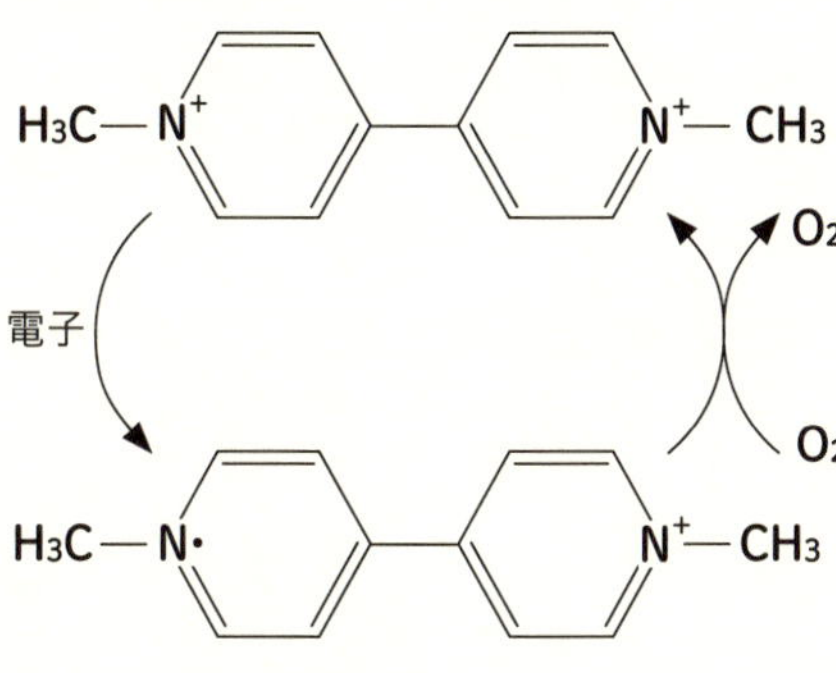

図7-1 パラコートの反応

の電子を酸素に与えると、もとのパラコートに戻り、電子をもらった酸素の側はスーパーオキシド（O_2^-）に変換される。スーパーオキシドは、スーパーオキシドジスムターゼという酵素の作用によって（あるいは酵素が存在しなくても）、迅速に過酸化水素（H_2O_2）になる。

過酸化水素は、細胞内の2価鉄イオンから電子を奪ってヒドロキシルラジカル（・OH）を生成する。これをフェントン反応という。ヒドロキシルラジカルは反応性がきわめて高く、脂質やタンパク質、遺伝子など、すべての有機分子と反応してこれらの機能を障害する。さらには、いわゆる連鎖反応（コラム5参照）を起こして、細胞に強い酸化ストレスをかける。

しかも、もとに戻ったパラコートは光合成の電子伝達系からふたたび電子を奪い、何度でもこの反応を繰り返すことができる。つまり、触媒として次々にヒドロキシルラジカルを発生して細胞に障害を与えるために、やがて植物が枯れることになる。パラコートに除草効果があるのはこのためだ（式7－1）。

式 7-1　$H_2O_2 + Fe^{2+} \rightarrow \cdot OH + {}^{-}OH + Fe^{3+}$

動物がパラコートを摂取すると、肺に蓄積する。そのメカニズムは不明だが、イオンであることから通常は膜を通過できず、肺にある特別な輸送タンパク質が本来の基質（結合相手）と間違えて、誤って肺の内部に運び込んでいるともいわれる。動物の細胞にも、滑面小胞体やミトコンドリアに電子伝達系が存在し、植物と同じ連鎖反応が起こるため、いずれ肺に重い障害が発生する。

酸化ストレスは老化をはじめ、がんや動脈硬化、糖尿病の合併症にアルツハイマー病など、現代の重要な病気の発症に幅広く関わるとされるが、それを積極的に利用している例もある。

たとえば、放線菌から発見されたブレオマイシンという抗がん剤は、DNAと結合する部分をもち、しかも鉄イオンや銅イオンと結合して活性酸素を発生する。そのため、がん細胞のもつDNAを損傷することで、がん細胞を殺すことができる。一方で、正常細胞に対しても毒性をもつため、副作用として肺線維症が起こる。

また、アドリアマイシンという制がん剤は、パラコートのように細胞内で触媒的にスーパーオキシドを発生することで制がん作用を発揮する一方、心臓には副作用をもたらす。

それぞれ機構は異なるものの、酸化ストレスを起こす化学物質には、タバコの煙やアルコール、塩素などハロゲンを含む炭化水素、鉛やカドミウムのような重金属、過剰の鉄や銅、光化学スモッグ、紫外線や放射線など、多くのものが知られており、細胞傷害機構として重要である。

お酒の毒性

私たちの体は、エタノールをどのように代謝しているのだろうか。

肝臓に運ばれたエタノールは、肝細胞のサイトゾル（細胞内で、核やミトコンドリアなどの細胞小器官を除いた液層部分）にあるアルコールデヒドロゲナーゼという酵素によって、図7－2に示すように水素を除かれ（すなわち酸化され）、アセトアルデヒドに変わる。この酵素は、亜鉛イオンとナイアシン（NAD^+：酸化型ニコチンアミド）を必要とし（依存性という）、エタノールの水素はNAD^+に移されてＮＡＤＨが生成する。この酵素は、エタノールの80％程度を酸化すると考えられており、残りのほとんどはミクロソームにあるＰ４５０のうち、ＣＹＰ２Ｅ１が酸化する。

アセトアルデヒドは、アルデヒドデヒドロゲナーゼによって酸化され、酢酸になる（図7－2）。この酵素も、ナイアシン依存性である。つまり、酒を飲むことで、肝臓では酢がつくられることになる。ナイアシンはビタミンの一種だが、体内でアミノ酸のトリプトファンから一部、

アルコールデヒドロゲナーゼの反応

$$CH_3CH_2OH + NAD^+ \rightarrow CH_3CHO + NADH + H^+$$

エタノール　アセトアルデヒド

アルデヒドデヒドロゲナーゼの反応

$$CH_3CHO + NAD^+ + H_2O \rightarrow CH_3COOH + NADH + H^+$$

アセトアルデヒド　酢酸

図7-2　エタノールの代謝

合成できる。

飲酒によって、顔が赤くなったり気分が悪くなったりする酔いの症状が出るが、その原因がアセトアルデヒドであると考えられている。後述するように、アセトアルデヒドは発がん剤としても知られている（182ページ表8－4参照）。

アセトアルデヒドはアルデヒドデヒドロゲナーゼによって酸化されるので、肝臓におけるこの酵素の活性が高い人はアセトアルデヒドが蓄積しにくく、酒に強いはずである。アルデヒドデヒドロゲナーゼはヒトでは2種類あり、そのタイプ2とよばれる酵素に関して、白人や黒人は活性が高いため、一般に酒に強い。しかし、日本人の約半分では、遺伝子変異のためにこの酵素は弱い活性しかもたず、また約5％の日本人にはこの酵素の活性がまったくないため、そもそも酒を受けつけない。いわゆる下戸である。

注意が必要なのは、酒に強いか弱いかということと、アルコール性肝障害の発症とは関係がなく、累積アルコール摂取量が

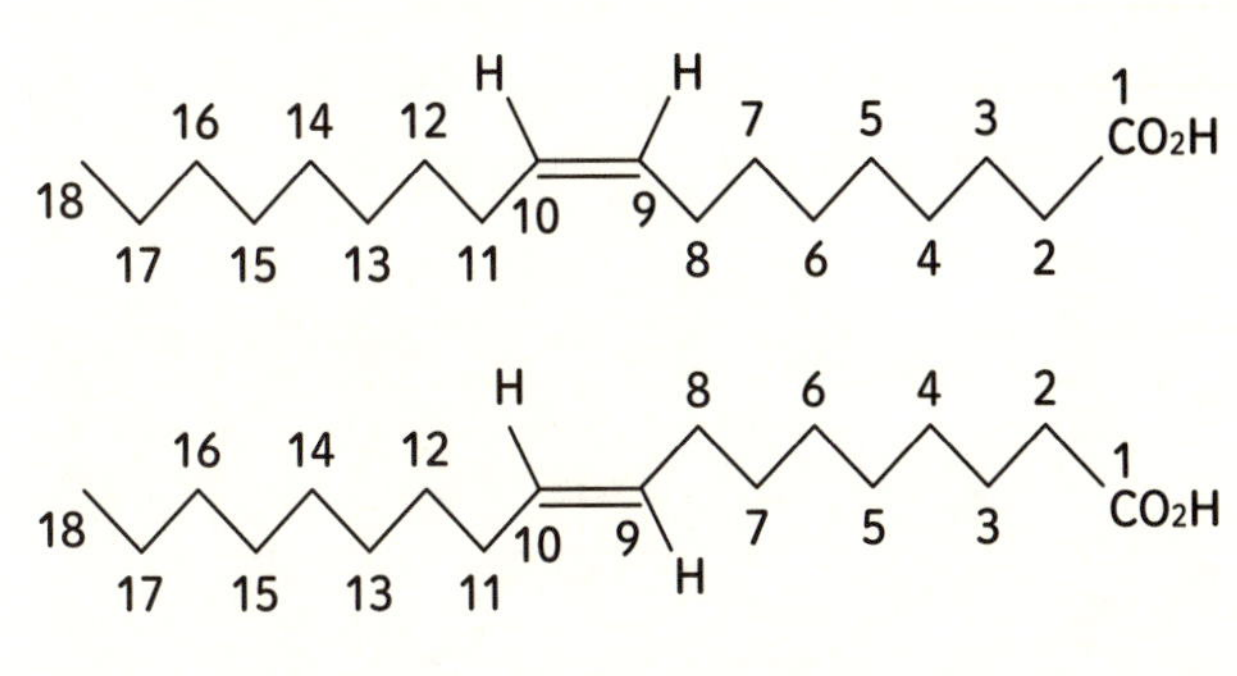

図7-3　上は9位がシスのオレイン酸、下は9位がトランスのエライジン酸

問題になるということだ。酒に強く、よく酒を飲む人ほどアルコールの摂取量が増えて肝臓病になるのであって、酒に弱い人がアルコール性肝障害になりやすいわけでは決してない。

トランス脂肪酸の毒性

トランス脂肪酸とは、トランス型二重結合をもつ脂肪酸をいう。トランス型二重結合とは何か。少し長くなるが、重要な概念なので詳しく説明しておこう。

第2章で紹介したように、炭素が14〜26個程度連なったカルボン酸が脂肪酸である。その一つ、炭素が18個のオレイン酸の構造は図7－3のようになる。オレイン酸は、オリーブ油に豊富に含まれることで知られている。

右末端のカルボキシル基の炭素を1として、左に伸びるにつれて番号が18までふってある。折れ曲がる部分にはすべて、炭素が存在する。二重結合を形成する炭素9と炭素10以外は、水素を省略してある。18の炭素は水素が三つ結合したメチル基（$-CH_3$）で、その他の炭素は水素が二つ結合したメチレン基（$-CH_2-$）になっている。二重結合に関して水素が同じ側に出ているものをシスといい（図7－3上）、逆側に出ているものをトランスとよぶ（図7－3下）。

二重結合は室温では回転しないので、シスとトランスはまったく別の分子である。実際、シスにはオレイン酸、トランスにはエライジン酸と、それぞれ別の名前がつけられている。脂肪酸には二重結合が二つ以上含まれるものもあるが、その場合の二重結合もすべてシス型である。

また、脂肪酸は体内で、糖の代謝物であるアセチルCoAという分子のアセチル基が、順番に結合することで合成される。アセチル基（$-COCH_3$）には炭素が二つ含まれるので、炭素の数は14、16、18……と、必ず偶数になる。二重結合をもつ脂肪酸を不飽和脂肪酸というが、不飽和脂肪酸の中でリノール酸とリノレン酸は必須脂肪酸であり、食品から摂取しなければならない。

ウシなどの胃内でバクテリアによってトランス脂肪酸が生成し、肉や牛乳に少量含まれる以外、生物界にはトランス脂肪酸は存在しない。それではなぜ、トランス脂肪酸の毒性が問題になるのか。それは、工業的に加工する際に生成するからである。

悪玉コレステロールを増やし、善玉コレステロールを減らす

植物油のように二重結合の含量が多い油脂は融点が低く液体だが、飽和脂肪酸の含量が多い動

物の油は、たとえばラードを見てもわかるように固体である。飽和脂肪酸はきれいに配列するためパッキングしやすく、融点が高いためである。

マーガリンやショートニング、クリームをつくるために、固体の油に対する需要は高い。これに応えるために、安価な植物油にニッケル触媒を用いて二重結合に水素を添加し、工業的に硬化油をつくるのである。不飽和脂肪酸の二重結合がニッケル触媒と結合することで、シスがトランスに変換し、水素が添加する前に触媒から外れるなどの理由によって、トランス脂肪酸が生成すると考えられている。

FAO／WHOは2008年、トランス脂肪酸は、悪玉コレステロールであるLDLコレステロールを増加させ、善玉コレステロールのHDLコレステロールを減少させることで動脈硬化を促進し、虚血性心疾患のリスクを高めると報告した。同時に、トランス脂肪酸の摂取量を摂取エネルギーの1％未満にするよう勧告しているが、菓子類を多く食べる人がいる事情を考慮して、水素添加植物油の使用そのものを排除する必要性を指摘している。

やや古いデータで恐縮だが、米国での1989～1991年における調査では、20歳以上の成人のトランス脂肪酸摂取量は、摂取エネルギーの2・6％となっていて、確かに注意を喚起する必要がある。米国では、食品中のトランス脂肪酸の総量を表示するようになったが、このような制度が設けられれば、食品産業側もトランス脂肪酸を削減せざるを得ないだろう。

食品安全委員会が２００４（平成16）年の国民健康・栄養調査をもとに推計したところ、日本人では、トランス脂肪酸の平均摂取量は摂取エネルギーの約０・３％にとどまっており、米国人に比べかなり低い。しかし、女性の24％、男性の６％で摂取エネルギーの１％を超えており、特に都市部で菓子類の摂取が多い中年女性にその傾向が強かった。日本人の一日の摂取総エネルギーを１９００kcalとすると、１％は19kcal、トランス脂肪酸約２gに相当する。

トランス脂肪酸については、食品安全委員会でファクトシート（科学的知見に基づく概要書）を公開しているので参考にしていただきたい（http://www.fsc.go.jp/sonota/54kai-factsheets-trans.pdf）。

飽和脂肪酸の摂りすぎにも注意を

脂肪は必須栄養素ではあるが、その摂取量が増加傾向にあることが懸念されている。飽和脂肪酸の摂取はメタボリック症候群を促進することがわかっており、たとえトランス脂肪酸でなくても、過剰摂取は控える必要がある。日本人の食事摂取基準（２０１５年版）では、脂肪は全摂取エネルギーの20％以上、30％以下が適切としている。その中で、飽和脂肪酸は男女とも摂取エネルギーの７％以下を目標量にしている。

脂質には、構造によって種々の生理作用に違いがあることがわかってきた。先のオレイン酸の二重結合は、18番の炭素（末端メチル基の炭素）から数えて9番めなので、n－9系脂肪酸に分類される。必須脂肪酸のリノール酸は、メチル基の炭素から6番めに最初の二重結合があるためn－6系脂肪酸とよばれ、α－リノレン酸はn－3系脂肪酸に属している。魚に含まれるn－3系脂肪酸である（エ）イコサペンタエン酸（155ページのコラム4参照）やドコサヘキサエン酸は動脈硬化を予防することがわかっており、魚の摂取が推奨されている。

内分泌攪乱化学物質の毒性

環境問題を扱って大きな話題をよんだ2冊の有名な本がある。

一つは、1974年に邦訳の文庫版が刊行されたレイチェル・カーソンの『沈黙の春』（原著は1962年刊）で、化学物質によって生態系が破壊され、小鳥も鳴かない春を迎えるという内容であった。もう一つが、1997年に翻訳出版された、シーア・コルボーンらによる『奪われし未来』（同1996年刊）である。内分泌攪乱化学物質がもたらすリスクに対して警鐘を鳴らしたもので、いわゆる〝環境ホルモン〟によって多くの生物の生殖能力が失われるとする衝撃的な主張がなされていた。後者が刊行された当時、若い男性の精子の数や機能に異常があるとか、野生動物の生殖能力が減少しているなどといったことが話題になっていたこともあり、非常に注目を集めた経緯がある。

内分泌攪乱化学物質とは、「内分泌系に影響を及ぼすことにより、生体に障害や有害な影響を引き起こす外因性の化学物質」とされている。やはり広い意味での毒物の一種であり、中毒学の対象となる化学物質である。

内分泌攪乱作用をもつとされる化学物質には、残留性有機汚染物質（ＰＯＰｓ〈Persistent Organic Pollutants〉とよばれ、ダイオキシンやＰＣＢ、ＤＤＴ、アルドリン、ディルドリンなどが含まれる）をはじめ、プラスチック関係の工業製品（ビスフェノールＡ、ノニルフェノール、フタル酸エステルなど）、有機スズ化合物（トリブチルスズ、トリフェニルスズ）、除草剤（２，４－ジニトロフェノキシ酢酸など）や殺虫剤（マラチオン、カルバリル、ケルセンなど）、殺菌剤（ベノミル、マンゼブなど）など、化学構造上の類似性をもたない多くの化合物が含まれる。その毒性を発揮するメカニズムも、きわめて多岐にわたると考えられている。

これら各物質は、男女の性ホルモンや甲状腺ホルモン等の作用を攪乱する。たとえば、ＰＣＢの代謝物やＤＤＴ、ビスフェノールＡ、フタル酸エステルなどは、女性ホルモンであるエストロゲンの受容体に結合して、女性ホルモンと類似する機能を引き起こすため（まさに攪乱である）、生殖機能が障害されると考えられている。その他にも、男性ホルモンから女性ホルモンをつくるアロマターゼという酵素のはたらきを妨げたり、性ホルモンの受容体の数を変化させたり、ホルモンの量を調節する機構を狂わせるなどといった、さまざまな機構をもつことがわかっている。

かつて船底や漁網に貝が付着するのを防止するために使われたトリブチルスズは、海水中にわずか1ng／L（ng：10億分の1g）という低濃度で存在するだけで貝類に大きな影響を与える。日本の沿岸に広く生息するイボニシでは、本来はオスの生殖器であるペニスと輸精管がメスに形成された結果、生殖不能が起こった。このような現象をインポセックスという。

日本では、1989年に化審法（化学物質の審査及び製造等の規制に関する法律）によって有機スズ化合物のうち、トリブチルスズオキシドは第一種特定化学物質に指定され、事実上の使用禁止となった。ジブチルスズは、食品衛生法に基づいてポリ塩化ビニルを主成分とする合成樹脂製の器具などに関して規格基準が設けられている。環境省によれば、2009年度に環境に排出された有機スズの量は13トンで、そのすべてが事業所から、大部分が大気中に排出された。

世界的には、国際海事機関（IMO）外交会議で「2001年の船舶の有害な防汚方法の規制に関する国際条約」により、2008年9月から、トリブチルスズなどの有機スズ化合物を含む船底防汚塗料の使用を規制することになった。しかし、同条約を締約しているのは日本を含む74の国と地域にとどまっており、その実効性については今後も注視していく必要がある。

海の哺乳類からの警告

強い女性ホルモン作用をもつジエチルスチルベストロールという薬が、過去に流産防止目的で用いられていたことがある。この薬を投与された妊婦から生まれた女児は、思春期以降に生殖器がんの発生率が上昇することがわかり、米国では１９７１年に流産防止目的での使用が禁止された。発生期のある特定の時期に過剰な女性ホルモンに曝されたことで、思春期になって生殖器のがんになる確率が増えるという事実はかなり衝撃的であり、内分泌攪乱化学物質が大きく注目される契機となった。

もちろん、環境中に存在する内分泌攪乱化学物質には、ジエチルスチルベストロールほど強い作用はないが、きわめて重要な問題であることに変わりはない。内分泌攪乱化学物質の影響はすでに、魚類や爬虫類のワニ、鳥類、アザラシやイルカなどの海生哺乳類にも出ているとされている。

アザラシやイルカなどは、海中のＰＯＰｓを濃縮して脂肪組織に蓄積しており、それを母乳に排出する。母乳を通じて子どもが直接吸収することで、生体中の濃度が簡単には低下しないと考えられている。社会的な規制によって環境中のＰＯＰｓが減少したことで、ヒトの母乳ではその濃度が順調に低下しているが、海棲生物では事情が異なるようなのだ。

その後の大規模な調査により、ヒトの精子には当初推測されたほどの異常はなかったという報告もあり、一時ほど、内分泌攪乱化学物質は注目を集めていない。環境ホルモンという言葉を聞く機会が激減したことも、それを示している。

しかし、WHOは2013年に、内分泌攪乱化学物質の作用メカニズムや環境への影響に関して、さらなる研究が必要であるとする声明を発表している。今後、ヒトを含めた哺乳類への影響やその広がりに関しても、注視していく必要がある。

ところで、ジエチルスチルベストロールの使用が禁止されたのは当然のことだが、一度は服用が禁じられた薬剤の中に、新たな有効性が見つかる場合もある。その代表例が、サリドマイドだ。

同薬はかつて、妊婦用の睡眠薬として用いられた歴史があるが、催奇性が判明したことで使用禁止になった。ところがその後、多発性骨髄腫やハンセン病などの治療薬として注目されている。化学物質のもつ効果と毒性の、一筋縄ではいかない関係がよく表れている例といえよう。

コラム4　有機物の「命名」法

有機化学において数を表す言葉として、1を表すのが「モノ」である。レールが一本の電車をモノレールというのも同じ語源から来ている。2を表すのが、「ジ（di）」や「ビ（bi）」で、ジレンマや自転車（bicycle）などと同じである。3を表すのが「トリ」であり、トリオという言葉がある。4を意味するのが「テトラ」で、四面体のことをテトラヘドロンというし、正四面体の紙製容器などを製造する「テトラパック社」も有名である。5が「ペンタ」で、米国のペンタゴンは五角形の建物、また五芒星をペンタグラムという。6は「ヘキサ」、7は「ヘプタ」、8は「オクタ」といい、8本足のタコはオクトパスである。9は「ノナ」、10は「デカ」で、デシリットル（dL）は10分の1Lのことである。

有機物の命名の基本は炭化水素である。直鎖状の炭化水素の名前は、炭素の数の順番に、1からメタン、エタン、プロパン、ブタン、ペンタン、ヘキサン、ヘプタン、オクタン、ノナン、デカンである。11個以上の炭素をもつ炭化水素は、順にウンデカン、ドデカン、トリデカン、テトラデカン、ペンタデカン、ヘキサデカン、ヘプタデカン、オクタデカン、ノナデカンとなる。いずれも、たとえば19はノナ（9）デカン（10）で、9＋10という命名になっている。

ところで、炭素20個の炭化水素はかつて、エイコサンとよばれていたが、現在ではイコサンと改められた。改めたのは国際純正・応用化学連合（IUPAC）という化学者の国際的組織で、ここで決められた命名法に各国の化学者は従うことになっている。

化学では、言葉の定義をしっかりしておかないと混乱が生じる。ベンゼンといえば、誰もが同じ分子を思い浮かべないと困るからだ。炭素が20の炭化水素はイコサンなので、イコサペンタエン酸（IPA）が正しい名称であり、日本化学会はこれを採用している。ところが、なぜか日本の栄養学・医学関係の学会はエイコサンという旧名がお気に入りのようで、今なおこのかつての名称が通用している。

　そのような背景から、エイコサペンタエン酸（ＥＰＡ）という名称の薬剤が、動脈硬化や脂質異常症の治療に使われている。そのため本書では、（エ）イコサペンタエン酸という表記を用いた。ちなみに、ペンタは5を、エンは二重結合を表すので、（エ）イコサペンタエン酸とは、炭素数が20の脂肪酸で、二重結合が五つあることを表している。

　同様に、ドコサヘキサエン酸（ＤＨＡ）は炭素数が22で、二重結合が六つある。このように二重結合を多く含む脂肪酸は高度不飽和脂肪酸とよばれ、魚に豊富な脂肪酸としてその栄養効果が注目されている。

第8章

がんを引き起こす毒物

鉱山や煙突での作業など、かつて特定の職業にがんが多発する事実が突き止められ、その原因を探究することで、がんという病気の多様性やメカニズムが明らかにされてきた歴史がある。古代ギリシャでもその存在が知られていた、人類最大の難敵＝がん。

驚くことに、21世紀の日本でも、特定の仕事に従事していることが原因で発症するがんが見つかっている。発がん性という〝毒〟をもつ化学物質や食品によって発症し、徐々に症状が進行して、やがて私たちを死へと追い込むがんは、毒物がもつ慢性毒性の究極的な姿なのかもしれない。

発がん物質は、どのようなメカニズムでその毒性を発揮するのか？　私たちの体はどのような解毒システムをもって、厄介なこの病に対抗しているのか。コーヒーやポテトチップなど、身近な食品の発がん性にも目配りしながら、がんと生命との攻防を見ていく。

がんとは何者なのか？

がんとは、皮膚や胃、肝臓のような上皮性組織に発生する悪性腫瘍の総称である。上皮性組織とは、動物の体表面や、消化器・呼吸器などの管腔、胸膜腔・腹膜腔などの体腔等を覆う組織のことをいう。

血液細胞や筋肉、骨など、非上皮性組織に由来する組織にできる悪性腫瘍（肉腫）もあり、統計ではこれらを合わせて「悪性新生物」としている。白血病のことを血液のがんというのは、どのような細胞であれ、その悪性化は似たようなメカニズムで起こるという前提があるためである。本書では特に区別する必要のない場合が多いため、「がん」という言葉を使うことにする。２０１６年現在、悪性新生物は長らく日本人の死因のトップの座にあり、死亡者の約3分の1を占める病気である。

英語ではがんを、かに座を意味する「Cancer」と同語でよぶ（cancer）。乳がんがカニの脚のような形で広がることから、古代ギリシャの医師ヒポクラテスが命名したことに由来する。この故事からもわかるように、がんは古くから知られている病気である。エジプトのミイラにも、前立腺がんが見つかっている。

よく問われる疑問として、昔（たとえば、明治時代）と比べて、がんは増えているのかというものがある。がんで死亡する人の絶対数が増加していることは間違いないが、それだけで「増えている」と結論づけるのは早計である。

がんは一般に、高齢になるほどかかりやすい。平均寿命が短かった時代には、がんになる年齢を迎える前に感染症など他の死因で命を落とす人が多かったことに加え、がんの診断が正確になされていなかったことも考えられる。年齢で補正する必要があるが、統計自体の信頼性の問題もあり、単純には比較できないのが実情である。

「がんになりやすい職業」からわかったこと

現在では、がん細胞の遺伝子やその発現に、変異や異常が起こっていることがわかっており、しだいに悪性化のメカニズムも明らかにされつつある。遺伝子、すなわち、DNAの配列がメッセンジャーRNAに写し取られ（転写という）、その情報にしたがってタンパク質合成が起こる（翻訳という）。転写と翻訳の過程を合わせて遺伝子の発現という。その際、DNAの塩基が一つ変わってしまっただけでタンパク質のアミノ酸が変化してしまう。その結果、タンパク質が本来の機能を発揮できない場合も多い。

生化学の研究が進歩し、遺伝子そのものの変異を分子レベルで直接検出できるようになって初めて、系統的ながんの研究が行われるようになった。このような研究が不可能だった時代に、がんの原因に関して最初に認められたのは、「がんになりやすい職業」があるという観察報告である。前述のとおり、ポットが1775年にロンドンの煙突掃除人に陰嚢がんが多発することを見出したのがその第一号であった。

つづく19世紀には、ヒ素鉱石やコールタール、ウラニウム、アニリン染料を扱う労働者にがんが頻発することが発見され、20世紀に入ると、X線やラジウム、ベンゼン、ニッケル、クロム（6価クロムに発がん性があるが、3価クロムは必須元素とされ、体内で6価にまで酸化されることはない)、ベリリウム、アスベスト、ベンゾ[a]ピレン、タバコなどが発がん作用をもつこともわかってきた。

日本人による発見として有名なのは、1915年に山極勝三郎と市川厚一が、ウサギの耳にコールタールを塗ることを繰り返して、実験的にがんを発生させることに成功したことである。この成果は、化学物質が発がんの原因になるという直接的な証明であった。がんを誘発する毒性をもった物質の発見である。

「何をどう食べるか」ががんを生む

現在では、疫学調査による結果から、図8－1に示すように、発がんの原因が詳しく分類されるようになった。がんをもたらす最大の原因は、全要因の35%を占める食事である。この数値には食品に含まれる発がん物質だけでなく、肥満ややせ、脂肪や塩分の過剰摂取、野菜や果物の不足などの食習慣全般に加え、体内で自然に発生する活性酸素などによる影響も含まれている。

つづいて、30%を占めるタバコがあり、これには受動喫煙も含まれている。三番めは感染で10%を占め、B型・C型肝炎ウイルスによる肝臓がんやピロリ菌による胃がんなどがこれに含まれる。

他に、ヒトT細胞白血病ウイルスなどが存在するが、これは食生活とは関係がない。性行動に

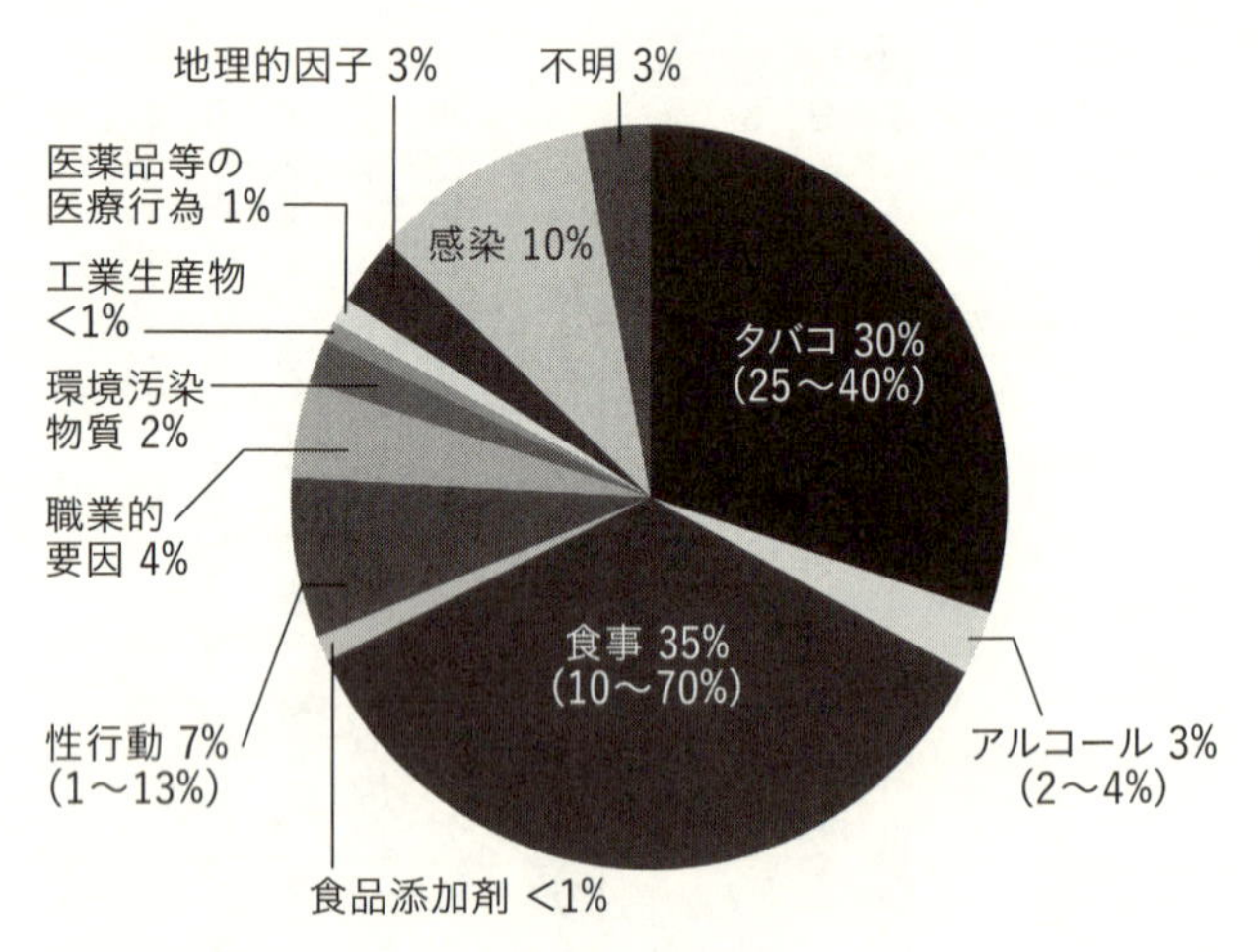

図8-1　発がんの原因(J. E. Klaunig, Chemical Carcinogenesis, p. 394, *Casarett & Doull's Toxicology: The Basic Science of Poisons*, 8th Ed., 2013より)

よるものとして、エイズウイルスやヒトパピローマウイルスによる子宮頸がんがあるが、後者にはワクチンの開発が行われている。鉱山関係などの職業的要因も重要である。ヒ素やカドミウム、亜硝酸などが多い、またはセレンが少ないなどといった地理的因子も無視できない要因である。食品とは別立てにして、アルコールの3%がわざわざ区分けしてあることからも、その重要性が理解できる。

以上の各項目が、ヒトにおける発がんの原因のほとんどを占めており、医薬品や医療行為、工業生産物や食品添加剤、環境汚染物質や農薬などの寄与はきわめて小さい。いわゆる発がんリスクと聞いて思い浮かべる順序とは、感覚的にずいぶん異なるのではないだろうか。

日本人の発がんの原因に関しては、国立がん研究センター 社会と健康研究センターの研究がある。研究法の違いのため食事は出てこないが、男女ともに喫煙、C型肝炎ウイルスやピロリ菌などの感染、飲酒の三つが主要な原因となっている。

それでは、これら各種の要因によって、がんはどのように引き起こされるのだろうか。

がんはどのように生じるのか

私たちヒトは、たった一つの受精卵から増殖と分化を繰り返し、約60兆個の細胞が有機的に機能を発揮し合う生体システムを構築して誕生する。

一方、がん化は逆に、脱分化を起こして細胞本来の機能を失い、いるべき部位とは別の場所に転移して増殖のみを行う細胞に変化するプロセスである。がん細胞になるためには、一つや二つの遺伝子の変化（突然変異）では不可能で、最低でも5ヵ所以上の遺伝子変異が必要であり、多段階を要すると考えられている。発がん多段階説とよばれるものだ。

発がん多段階説では、がん化のプロセスは3段階に分けられている。①遺伝子に化学変化を起こさせる化学物質であるイニシエーターによって、「イニシエーション」という変化が起こる。②発がん促進物質であるプロモーターによって、増殖などの制御システムが変化する「プロモーション」という段階を経て、③「プログレッション」と名づけられた悪性化段階へと移行していく。

ここでいう遺伝子の変化とは、核酸塩基が1個だけ変化する点突然変異や、ある特定の配列が増幅されたり失われたり、再配列されることに加え、DNAのメチル化による後成（エピジェネティック）的な変化による形質変化のことである。エピジェネティックな変化については後述する。

これらのプロセスはもちろん、直線的に単純に起こるわけではない。DNAに変異が生じても、これをもとに戻す修復酵素がはたらくしくみが備わっていることに加え、DNAの変異を感知して細胞の増殖を停止させる機能や、DNAの障害がひどいときには細胞の自殺（アポトーシス）を引き起こすp53とよばれるがん抑制遺伝子も存在する。がん抑制遺伝子は、p53以外にも多数知られているが、これらがん抑制遺伝子に変異が起こると、がんになりやすくなると考えられる。それを裏づけるように、p53の異常は、ヒトのがんで最も多い遺伝子変異となっている。

また、生殖細胞（精子または卵子）がこれらの遺伝子変異をもつ場合には、がんになる確率が高くなるので、がんのなりやすさは遺伝する場合があると考えられる。そのような遺伝子として、子どもに発症する神経芽細胞腫の原因となるRB1（retinoblastoma 1）や、大腸がんを引き起こすAPC（adenomatous polyposis coli）、乳がんや卵巣がんを発生させるBRCA1（breast cancer susceptibility gene 1）やBRCA2遺伝子など、30種類以上が知られている。

米国の女優が、遺伝子検査でＢＲＣＡ１の変異があることを知ったために、予防的に乳房を切除する手術を受けたことが話題になった。これらがん抑制遺伝子に、化学物質の影響による変異が生じてしまうと、生命の維持にとって致命的な影響を与えかねない。

このように見てくると、がん化という現象が非常に起こりやすいものである印象を受けるかもしれない。しかし、たとえがん細胞に変異しても、簡単に増殖できるわけではない。私たちの体には、ナチュラルキラー（ＮＫ）細胞や細胞傷害性Ｔ細胞、細胞傷害性マクロファージ、ＬＡＫ細胞などの免疫細胞が存在しており、これらががん細胞を攻撃することで、効率よく排除していく防御機構も十分に備わっている。

発がん多段階説によれば、発がんには長い年月がかかることがわかっている。先の３段階を詳しく見ていく前提として、まず細胞死という現象について確認しておこう。

細胞が死ぬということ

私たちの体を構成する細胞にとって、最も基本的な現象は、増殖、分化、がん化、そして、死である。

最初の三つについては、歴史的に多くの研究がなされてきたが、最後の一つ、細胞死に関しては、１９７０年代初頭まで、壊死（ネクローシス）のみが唯一のかたちであると考えられていた。壊死とは、毒物、低酸素、栄養不足、細胞膜の障害などによって起こる細胞死で、ミトコンドリアの膨張、核の縮小、細胞小器官の破壊を経て、膨張による細胞膜の破壊によって細胞の内容物が細胞外に流出し、炎症を引き起こす現象である。

ところが、1972年に、壊死とは異なる細胞死としてアポトーシスという現象が存在することが突き止められた。アポトーシスという言葉は、ギリシャ語の「枯葉などが木から落ちる」という意味からつけられたものである。

アポトーシスとはどのような細胞死なのか。細胞膜や細胞小器官が正常な形態を保ちながら核内のクロマチン（DNAやヒストン・非ヒストンタンパク質、RNAを含む集合体）が凝集し、DNAが断片化して、細胞全体が萎縮しつつ断片化して複数のアポトーシス小体という小さな塊を形成する。いわば細胞の自殺ともいえるこの現象は、個体発生や組織の恒常性維持に重要な役割を果たしている。

個体発生とは、私たち一人ひとりのヒトが、受精卵から多数の細胞に分裂・増殖して個体を形成するプロセスである。細胞は増える一方で、どこに細胞死を起こす必要があるのかと疑問に思われるかもしれない。個体発生時におけるアポトーシスには、たとえば次のような役割がある。

私たちの手は当初、野球のミットのような形で発生するが、その後、指の間にある細胞がアポトーシスを起こすことで、5本の指が形成されていく。オタマジャクシの尻尾の消失も、アポトーシスによるものである。また、免疫細胞の養成学校とよばれる胸腺においては、実に9割ものリンパ球がアポトーシスによって死んでいくが、これは自分の体を構成する分子に反応してしまう自己反応性リンパ球を排除する重要な機構になっている。さらには、キラー細胞がん細胞やウイルス感染を受けた細胞にアポトーシスを引き起こし、排除することもよく知られている。

第三の細胞死が存在する!?

多くの場合、アポトーシスの引き金を引くのはホルモン様のタンパク質である。これらが細胞膜にある受容体と結合すると、細胞内にあって、通常は不活性状態となっている自殺のためのタンパク質が次々に活性化されることで細胞死へと突き進んでいく。アポトーシスが、プログラム細胞死とよばれる所以である。アポトーシスを起こした細胞はその後、どんな運命をたどるのか？

アポトーシスを起こした細胞ではミトコンドリアがはたらかなくなり、エネルギー（ＡＴＰ）をつくることができなくなる。生きた細胞では、ＡＴＰを使ってフリッパーゼという酵素をはたらかせることで、細胞膜の脂質二重膜の外側の層に熱運動によって自然に出てくるホスファチジルセリンという脂質を内側の層に戻している。すなわち、脂質二重膜の内側と外側とで、脂質の組成が異なるように維持されている。

ＡＴＰがなくなるとこの運搬ができなくなるため、ホスファチジルセリンが細胞膜の外側の層に集まる。それを認識した周囲の細胞が、アポトーシスによって断片化したアポトーシス小体を貪食することで処理するしくみになっている。つまり、ホスファチジルセリンは「私を食べて」というシグナルの役目を果たしているのだ。

その結果、アポトーシスを起こした細胞は、壊死の場合のように細胞の内容物がまわりにあふれ出て炎症を起こすということもなく、おだやかに死を迎える。まわりの細胞に食べられて、きれいに処理されるのである。いかにも「プログラムされた死」というにふさわしい末期である。

現在では、細胞死そのものにも、アポトーシスと壊死の二つだけでなく、それらの中間に属するような形態も含め、いくつかの様式があると想定されており、細胞死の種類に関する研究がさかんに行われている。

がん化のプロセス①――イニシエーション

ここから、発がん多段階説にしたがって、がん化の各プロセスをていねいにときほぐしていく。発がん性という〝毒〟をもつ物質や、がんという病気そのものはもちろん恐ろしい相手だが、私たちの体は、彼らからの激しく絶え間ない攻撃に、ただ手をこまぬいているばかりでは決してない。障害を受けたＤＮＡを修復したり、がん化に向かいはじめた細胞に自殺を促したり、さまざまな対抗手段を講じて〝解毒〟を試みているのだ。

がん化という細胞に起こる劇的な変化とそれへの対処策を見ていくことで、私たち生命が備える巧妙なしくみも透けて見えてくるはずである。いくらか細かい話も登場するが、生命のダイナミズムをぜひ感じとってもらいたい。

さて、がん化のプロセスの第一段階が、イニシエーションである。イニシエーションとは、遺伝子に不可逆な変化をもたらすものである。不可逆な変化とは、DNAの障害や変異、いくつかの塩基配列の欠失などであり、修復酵素などで修復されることのないまま少なくとも1回の細胞分裂を経て、その変化が固定されたものをいう。

イニシエーションを起こすイニシエーターは、三つに分類できる。①ベンゾピレンのような縮合環系炭化水素の代謝物や後述するニトロソアミンなどの化学物質、②紫外線やX線、ガンマ線などの物理的因子、③腫瘍ウイルス、細胞内で発生する活性酸素、塩基の変化、DNA複製のエラーなどの生物的因子、などである。

イニシエーターになる化学物質には、DNAと直接反応できるものと、肝臓でP450などによって化学反応を受けることで初めてDNAと反応できる分子になるものとがある。前者の例は、エポキシドのように、プラスに分極した部分をもつ分子である。DNAを構成する核酸塩基は、二重結合や窒素をもつ電子が豊富な分子であり、すなわち、電気的にマイナスの部分を多く

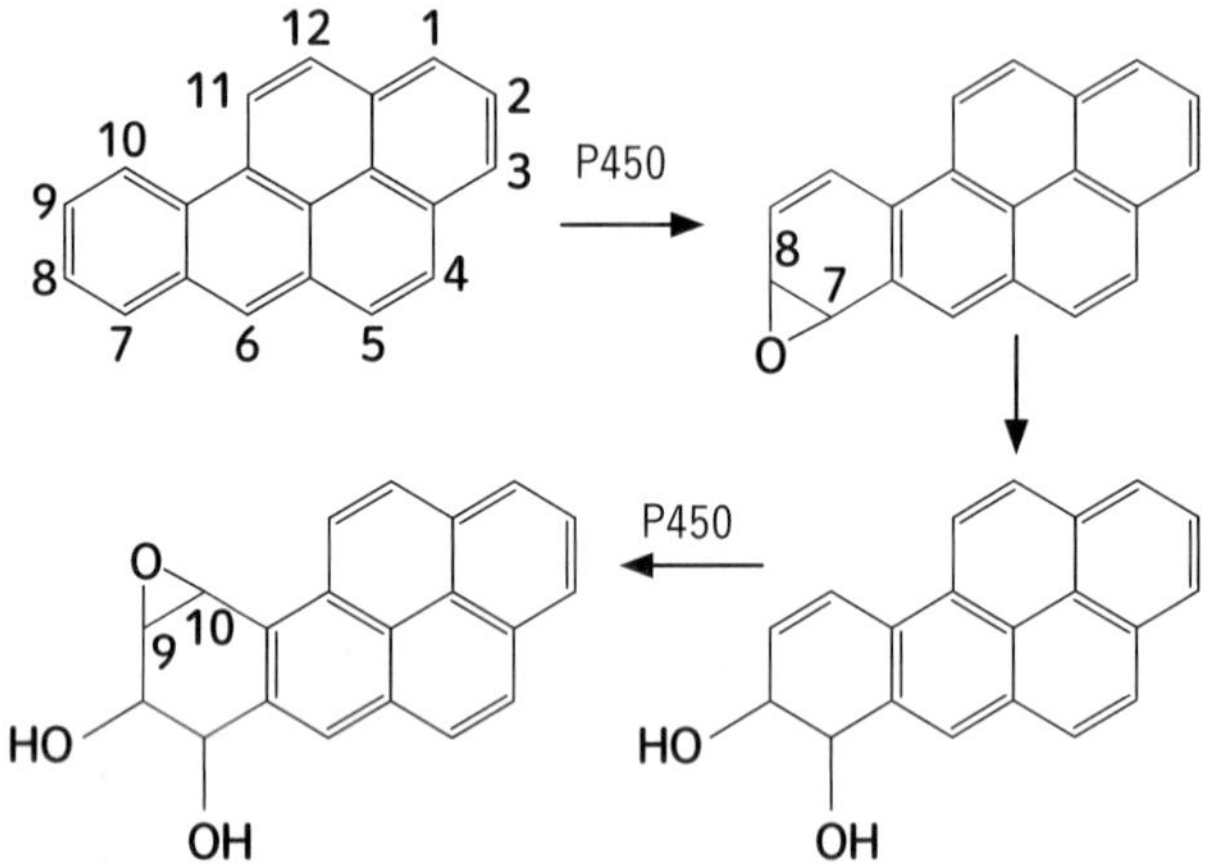

図8-2　ベンゾ[a]ピレンのP450による活性化

もつ分子だからである。

したがって、プラスに分極した部分を含み、マイナス部分に親和性の高い分子がＤＮＡと反応できる。そのような電子を、親電子試薬あるいは求電子試薬などとよぶ。ベンゾ[a]ピレンがＰ４５０によって、二度にわたってエポキシドに活性化される反応を図８－２に示す。

また、活性化されたエポキシドと核酸塩基のグアニン（Ｇ）が反応するようすを図８－３に示す。この反応では、δ^-になったグアニンのアミノ基の窒素が、δ^+になったベンゾ[a]ピレンのエポキシドの10番の炭素を攻撃して結合する。炭素は結合が四つしかつくれないので、これによって酸素と炭素の結合が切れる。結果として、グアニンには大きな置換基が結合し、塩基の構造が大きく変化することがわかる。

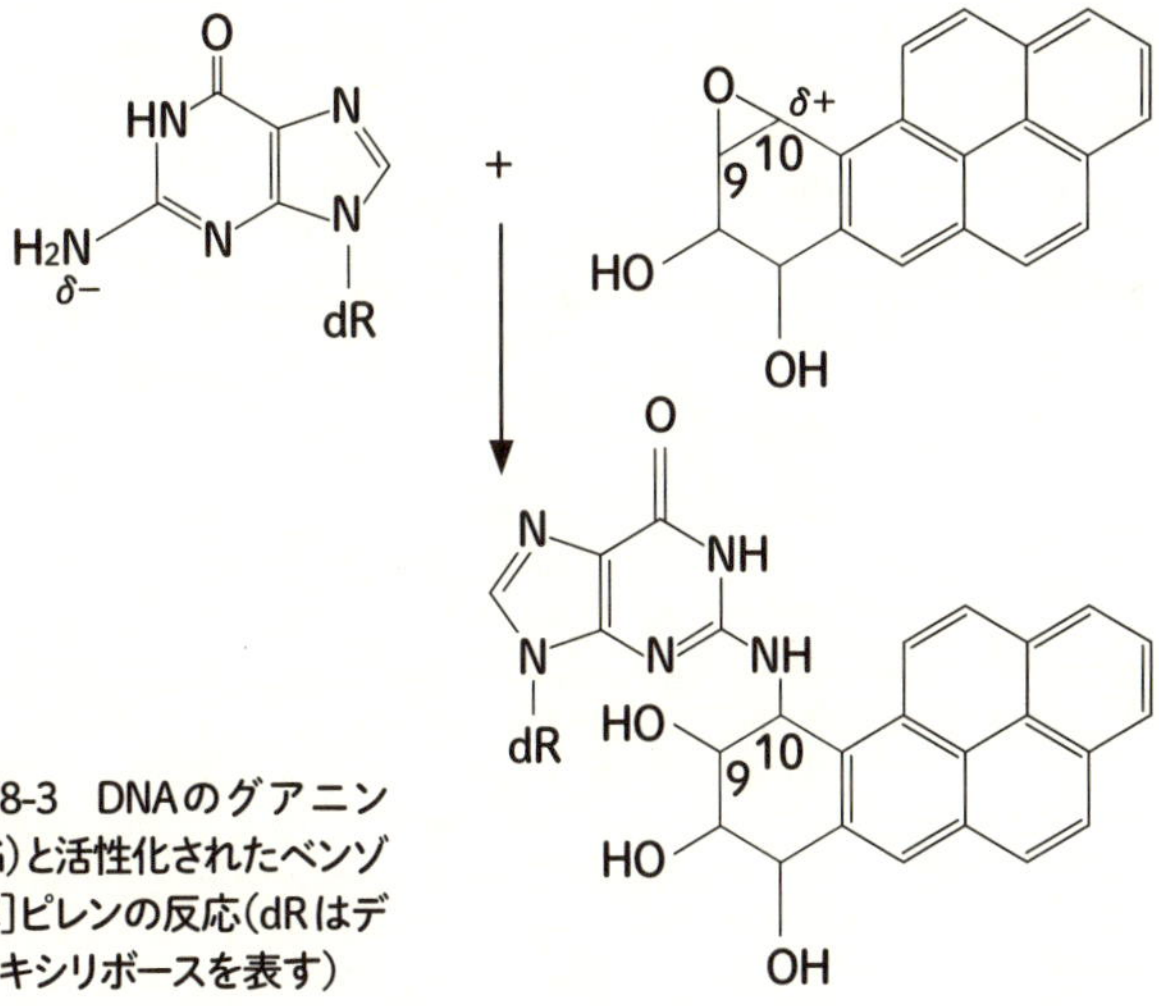

図8-3　DNAのグアニン(G)と活性化されたベンゾ[a]ピレンの反応(dRはデオキシリボースを表す)

　この反応も、先にグルタチオンの反応で説明した求核置換反応である(95〜96ページ参照)。これが修復されず、次の細胞分裂におけるDNA合成の際に、GがGとして読まれずに他の塩基に変化してしまうと、突然変異を起こすことになる。

　エポキシドの反応性が高い理由としては、分極していることに加えて大きな歪(ひず)みがあることも挙げられる。炭素の共有結合の角度は通常、109・5度だが、エポキシドでは正三角形に近い角度(約60度)にまで折り曲げられている。ちょうどバネが無理矢理に折り曲げられたのと同じで、歪みがかかっていて、開く(開環する)傾向が強いのである。このように、活性化することなく塩基のようなδ^-をもつ分子と反応できる求電子試薬には特殊なものが多く、一般の人が触れることは少ない。

一方、活性化されてイニシエーターになる化合物には、ベンゾ[a]ピレンのような芳香族炭化水素以外に、芳香族アミン類、アゾ染料、カビ毒のアフラトキシン、ソテツの実に含まれるサイカシン、サッサフラス油に含まれるサフロール、塩化ビニルなど、多くの化学物質がある。

イニシエーションが起きても、アポトーシスを起こしたり、細胞分裂を止めたりする防御機構が備わっているので、必ずしもすべての細胞ががん化への道をたどるとは限らない。がん化が進行するためには、つづく第二段階、すなわちプロモーションを経る必要がある。

がん化のプロセス②――プロモーション

イニシエーションを受けた細胞が、一歩がんに近づく前がん状態になる過程をプロモーションという。

発がんプロモーターには突然変異を起こす変異原性はなく、それ自身ががんを発生させることはない。その代わり、遺伝子発現の変化によって増殖を維持し、アポトーシスを阻害する役割を担っている。

がんが発生するためには、繰り返しプロモーターを与えることが必要である。プロモーターには、クロトン油の中にあるホルボールエステルや、フェノバルビタール、アントラセン、フェノール、ドデカンなどが知られている。

がん化のプロセス③——プログレッション

プログレッションとは、新生物の悪性度がより高まっていく段階である。イニシエーションと同様、ＤＮＡ変異を起こす化学物質、物理的因子、生物的因子によって起こる。プログレッションの内容を具体的にいえば、細胞の増殖速度が上がり、浸潤性が高まり、転移する能力を獲得して、それを促進することである。

この段階では、がん細胞が自らに栄養を供給するための血管新生を促進したり、細胞の運動性が高まったりする一方、細胞接着性は失われていく。細胞接着とは、臓器などの各組織において、数種が知られている細胞接着分子とよばれるタンパク質を用いて、細胞どうしが互いに接着していることをいう。たとえば肝細胞どうしは、相互に肝臓の細胞接着分子を認識しあって結合し、心臓の細胞とは決して接着しない。

ところが、プログレッションを経てがん化した細胞では、細胞接着分子にも変化が起こっている。接着する性質が変化することが、がんが浸潤したり転移したりする能力に関係すると考えられている。

なお、遺伝子を安定化させることに関わっている遺伝子に異常が生じた場合、プログレッションは自発的にも起こる。

がんはなぜ、不死化するのか

米国カリフォルニア大学サンフランシスコ校のハナハンとマサチューセッツ工科大学のワインバーグは2011年、がんがもつ八つの特徴を列挙した。

①細胞増殖の持続、②アポトーシスへの抵抗性、③血管新生の誘導、④不死性の獲得、⑤組織への浸潤と転移能の活性化、⑥増殖抑制因子からの回避、⑦エネルギー代謝の再構成、⑧免疫機構による排除からの回避、である。これらの性質が、遺伝子の変化とともにがん細胞に加わっていく。がん化が、多段階の複雑なプロセスであることがよくわかる。

それぞれのプロセスが、どのような遺伝子の変異を原因として起こり、その変異がどのように細胞内シグナルネットワークを変化させるのかという研究も世界中で行われている。それら分子レベルの研究成果が蓄積されることで、いずれ有効な制がん剤の開発につながるはずである。

ここでは、④に掲げた不死性をもつがんの性質が、生命科学に与えた影響を見てみよう。

たとえば、ある化合物が肝臓に与える影響を研究する目的で動物実験を行う場合、その影響が肝臓に対する直接的な効果なのか、あるいは、他の臓器への影響からくる間接的なものなのか、判断できない場合がある。もっといえば、肝臓は肝細胞をはじめ、クッパー細胞や星細胞、血管内皮細胞、神経細胞など多種多様な細胞から成り立っており、どの細胞に対する影響によるものか、判別できない場合もある。

そこで、正常なラットの肝臓の血管に、タンパク質分解酵素を含む水溶液を流して細胞をバラバラにし、さまざまな方法を使って、たとえば肝細胞だけを集めて実験するという手法がとられる。正常な動物から得られる細胞を初代培養細胞といい、重要な研究材料である。しかし、この細胞はやがて死滅してしまうので、どんどん新しい動物を用いなければならない。

米国の解剖学者ヘイフリックは、ヒトのさまざまな臓器から得た細胞を培養すると、それらの細胞が由来する臓器に固有の分裂回数で増殖を停止し、やがて死んでしまうことを発見した。正常細胞は決められた回数の分裂しかできず、これをヘイフリック限界という。ヘイフリック限界が存在する理由の一つは、ＤＮＡの末端にあるテロメアという遺伝子配列である。

テロメアのＤＮＡは、細胞分裂するたびに完全には複製されず、徐々に短くなっていく。テロメアが一定以上短くなると、その細胞は増殖しなくなって老化し、やがて死を迎える。テロメアはよく、回数券に喩えられる。造血幹細胞や生殖細胞では、テロメラーゼという酵素がテロメアを修復するが、多くの体細胞ではこの酵素は発現しておらず、それゆえにヘイフリック限界が存在する。

しかし、がん細胞ではテロメラーゼが活性化しており、無限に増殖することが可能になる。1

951年、当時31歳だった子宮がん患者のヘンリエッタ・ラックスという女性から得られた「HeLa細胞」は、世界初の培養細胞株（株化された細胞）であり、現在もなお世界中で流通している。細胞株は、がん細胞と同様に、不死性を獲得した細胞のことである。

がん細胞だけでなく、正常な細胞を培養していて不死性を獲得することもある。さまざまな組織由来の細胞株が販売されており、多くの研究者が細胞バンクから購入して利用している。日本では理化学研究所に細胞バンクがあり、多種類の細胞を維持・提供している。

たとえば、肝臓がん由来の細胞株は肝臓の性質を一部保持しているので、肝臓における毒性発現メカニズムの研究をはじめ、多くの研究に活用できる。培養細胞を用いる学問は細胞生物学とよばれ、最近ではiPS細胞など多くの成果を生み出した、生命科学における重要な分野である。ただし、正常細胞の代わりに細胞株を用いるために、私たちの体内に存在する正常細胞でまったく同じ現象が起こるという保証はどこにもない。

もっといえば、1種類の細胞だけを培養した、他の細胞や組織との相互作用を欠いたモデル的な実験であるため、生体内で実際に起こる現象をそのまま再現できるわけではないという前提が、細胞生物学における共通理解となっている。ちなみに、培養細胞で得られた現象を「in vitro（インビトロ）」とよび、生体内での現象を「in vivo（インビボ）」という。

そのような前提を考慮すれば、細胞生物学が生み出した成果を単純にヒトに応用することは難しいことも明らかである。ｉＰＳ細胞の再生医療への応用に関しても当然、動物実験を繰り返して慎重に何度も確認しながら、ヒトにおけるリスクの評価を厳しく行う必要がある。

とはいえ、臓器のモデルとしては非常に優れた手法であることは間違いなく、多くの研究が精力的に行われている。そして、培養細胞で得られた現象が、実際に生体内でも起こるのかどうかを検証することから、多くの知見が得られてきたことも事実である。インビトロからインビボへと知見を積み重ねていくのは、生命科学における典型的な研究の流れでもある。

発がん物質を突き止めろ

前述のとおり、世の中には、２０００万種類を超える化学物質が存在している。世界中で商業的に生産されている物質だけでも、約10万種類に及ぶという。

それらの物質すべての発がん性を、時間も費用もかかる動物実験を通じて一つひとつ確かめるのは不可能である。そこで、化学物質の発がん性を簡単に確認できる方法が必要となる。最も有名なのが、米国のエイムスが考案したエイムステストである。この試験は、変異原（突然変異を引き起こす化学物質）のスクリーニング（ふるい分け）のために考案された。

ＤＮＡ修復ができず、アミノ酸のヒスチジンを合成できないヒスチジン要求性サルモネラ菌を、ヒスチジンを加えない培地で対象となる化学物質とともに約48時間培養する。通常、１個の細菌が増殖すると、目に見える丸い集合体（コロニー）を形成する。加えた化学物質に変異原性がなければ、ヒスチジンに事欠くヒスチジン要求性サルモネラ菌は、生きていけなくなるためにコロニーを形成できない。

ところが、化学物質に変異原性があると、ヒスチジン要求性サルモネラ菌はヒスチジンがなくても増殖できる復帰突然変異を起こし、コロニーが形成されるようになる。コロニーの数が多いほど変異原性が高いことを意味しており、変異原性を定量的に評価できる。

体内で活性化されることでイニシエーターになる物質もあることから、ラットの肝臓をすりつぶし、遠心分離によって核とミトコンドリアを除いて、Ｐ４５０などが存在する滑面小胞体を含むミクロソーム画分（かくぶん）とサイトゾルを加えることにより、活性化後に初めて機能する分子の変異原性も評価できる。

科学の研究においては、モデル化（簡略化）という手法は重要である。エイムステストは発がん性を調べるための動物実験モデルだが、丸ごと一匹のラットを用いる代わりに微生物で事足りてしまうのは驚くべき簡略化である。ＤＮＡの変異を見るのであれば、微生物もラットも同じ4種類の塩基が使われているのだから、それで十分という考えが成り立つのである。

モデル化においては、観察したい現象を極限まで簡素化することで、時間も予算も節約できることになる。実際、この試験で得られる変異原性と動物実験による発がん性には、70〜80％の高い相関が認められている。

もちろん、エイムステストでは陽性を示すのに実際には発がん性がなかったり、逆にエイムステストで陰性であっても実は発がん性をもつという化学物質も存在する。より精度を高めるために、哺乳類の細胞を使うものや、遺伝子を変えて変異を見やすくするような方法なども工夫されているが、エイムステストは今でも重要な方法でありつづけている。

身のまわりの発がん物質を点検する

私たちが日常的に接する可能性のある物質に関して、その発がん性の有無や程度は、どのように評価されているのだろうか。

国際がん研究機関（ＩＡＲＣ：International Agency for Research on Cancer）が発がんリスクの評価を行い、ヒトに対する発がん性の程度に応じて分類した例を表８－４に示す。この表には、化学物質のみならず、食品や労働環境なども含まれている。ただし、ＩＡＲＣによる分類は、研究の進歩によってカテゴリー変更されることがあるので注意が必要である。

なお、制がん剤のほとんどは発がん剤でもあるが、これらについては表には含まれていない。また、ウイルス類や前述した典型的な発がん剤についても省略した。また、「ヒトに対する発がん性はおそらくない」とされるグループ４としてカプロラクタムが挙げられているが、これも省

グループ1: ヒトに対する発がん性が認められる化学物質、混合物、環境
アフラトキシン、ヒ素、アスベスト、ベンゼン、ベンジジン、ベリリウム、ベンゾ[a]ピレン、カドミウム、6価クロム、エチレンオキシド、ホルムアルデヒド、X線、γ線、紫外線、2-ナフチルアミン、更年期以降のエストロゲン療法、PCB、ラジウム(224,226,228)、ラドン-222、ダイオキシン、トリクロロエチレン、1,2-ジクロロプロパン、塩化ビニル、ジエチルスチルベストロール、アルコール飲料、コールタール、タバコ、ディーゼルエンジンの排ガス、シリカや石英粉末、革や木の粉末
グループ2A: ヒトに対する発がん性がおそらくある化学物質、混合物、環境
アクリルアミド、クロラール、ジクロロメタン、スチレンオキシド、テトラクロロエチレン、IQ、金属コバルト調製や石油精製に従事
グループ2B: ヒトに対する発がん性が疑われる化学物質、混合物、環境
アセトアルデヒド、アクリロニトリル、三酸化アンチモン、ワラビ、コーヒー酸、四塩化炭素、クロロホルム、コバルト、サイカシン、DDT、1,2-ジクロロエタン、ヘキサクロロベンゼン、鉛、MeIQ、MeIQx、PhIP、Trp-P-1、メチル水銀、ニッケル、ニトロベンゼン、オクラトキシンA、スチレン、二酸化チタン、コーヒー(膀胱がん)、ガソリン、ガソリンエンジン排気ガス、アジア風の野菜の漬物、溶接ヒューム、ドライクリーニング業、印刷業
グループ3: ヒトに対する発がん性が分類できない化学物質、混合物、環境
アクロレイン、アクリル酸、アクリル繊維、アニリン、アゾベンゼン、重亜硫酸塩、エチレン、酸化鉄、蛍光灯、過酸化水素、水銀、フェノール、ポリスチレン、ポリエチレン、ポリ塩化ビニル、ケルセチン、サッカリン、カフェイン、シリカ、亜硫酸塩、お茶

表8-4　国際がん研究機関(IARC)による発がん物質の分類

略してある。

これらの物質がもつ発がんリスクを避ける方法であるが、特に発がん性の強いもの、たとえば、アフラトキシン、ヒ素、アスベスト、ベンゼン、ベンジジン、ベリリウム、カドミウム、6価クロム、エチレンオキシド、2－ナフチルアミン、PCB、ダイオキシン、トリクロロエチレン、1，2－ジクロロプロパン、塩化ビニル、ジエチルスチルベストロールなどは、法律で使用禁止にするなど、厳重な環境管理下に置くことで、一般人への曝露は遮断できると考えられる。

アフラトキシンは、輸入される落花生、チョコレート、ピスタチオ、ハトムギ、そば粉、香辛料、ココア、ピーナッツバター、アーモンド、コーングリッツに含まれていることがある。1971（昭和46）年、アフラトキシンが検出された食品は食品衛生法第4条第2号（現第6条第2号。有毒なまたは有害な物質を含む食品の販売等の禁止）に違反するものとして取り扱うこととされ、アフラトキシンB1で10μg／kgを規制値としていたが、2009（平成21）年には、総アフラトキシン量10μg／kg以下でないものは市場に流通させないとする規定に改められた。

コーヒーの功罪をどう考えるか

グループ2Bに含まれるコーヒー酸は、名前のとおりコーヒーに含まれていて、発がん剤の生成を抑えるともいわれている。コーヒーそのものも、グループ2Bに分類されている。コーヒーに関しては、死亡率を下げる効果も報告されており、良い効果も悪い効果もきわめて弱いために、動物実験で明確な結論を出しにくい状況にある。

発がん性の有無や程度を調べる動物実験では通常、マウスやラットを用いる。ヒトと同じ病気がこれらの動物で起こせると、研究は大きく進む。たとえば、ふつうのマウスには動脈硬化は起こらないが、ある種のタンパク質の遺伝子を欠損させる（ノックアウトする）と、動脈硬化が生じるようになり、動脈硬化の研究が進展した経緯がある。ヒトの疾患モデルをつくることも、医学における研究では非常に重要である。

しかし、マウスやラットは長くても3年程度しか寿命がないので、100年近く生きるヒトのモデルにはなりにくい場合もある。そのような場合には、ヒトを対象とした疫学調査を行うことになるが、結果は母集団の取り方に左右される側面があり、科学的な証明が容易にはできない欠点もある。そうした背景もあり、コーヒーのような効果の微弱な物質に関しては、今後も「良い／悪い」両方の研究結果が報告されていくことが予想される。

漬物に発がん性が!?

グループ2Bには、「アジア風の野菜の漬物」という記載もあるが、食塩がプロモーター作用をもつことと、硝酸塩が含まれることがその理由であると推測される。食塩の過剰摂取は、日本

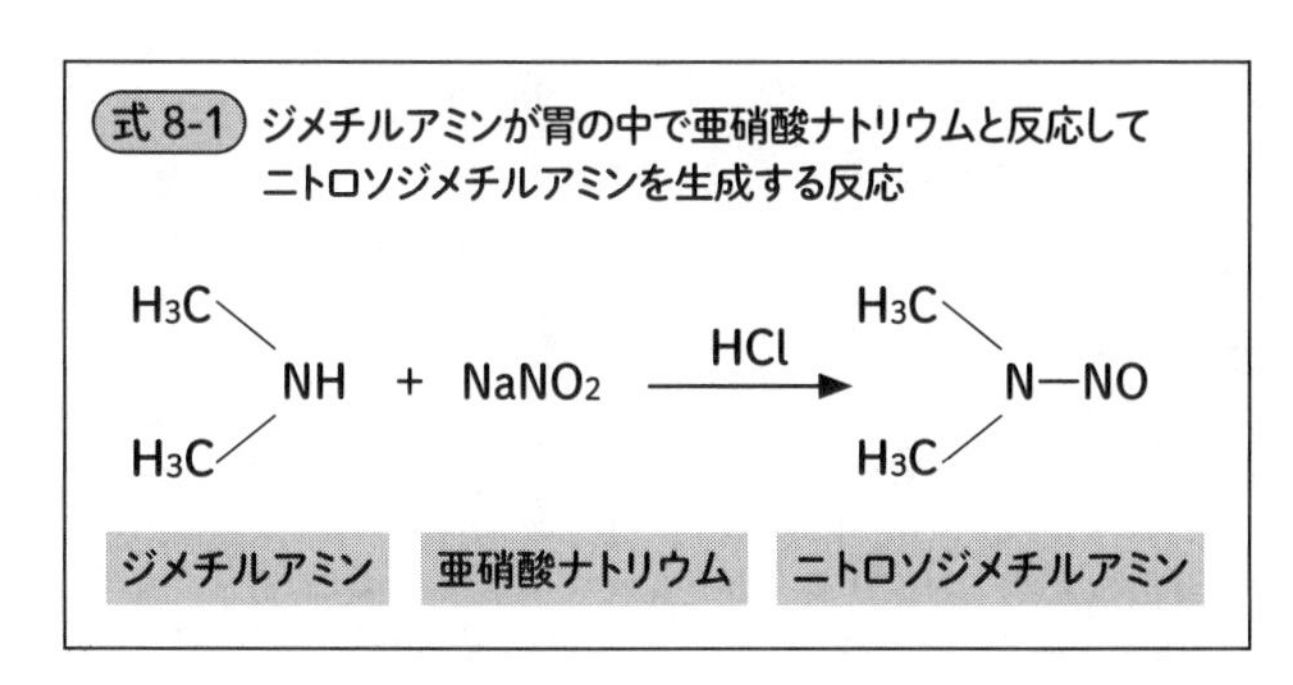

で胃がんが多い理由の一つと考えられている。硝酸塩は口内の微生物によって亜硝酸塩に変換され、そこにもし2級アミン、たとえば魚に少量含まれるジメチルアミンが存在すると、胃液に含まれる塩酸の作用によって、発がん性をもつニトロソジメチルアミンに変換される（式8－1）。

なお、2級アミンとは、窒素に炭素（ここではメチル基）が二つ結合した分子のことをいい、ニトロソというのは-NOの部分を指している。

高濃度のニトロソジメチルアミンを動物に投与すると、肝臓などにがんが生じることがわかっており、硝酸塩の摂取量と胃がんの死亡率には相関があるとする疫学調査もある。しかし、式8－1の反応は、ビタミンCやE、アルギニン、植物ポリフェノールなどで阻害されるので、簡単に発がん剤になるわけではなく、通常の食事をしていれば問題にはならない。

2012年の食品安全委員会の報告によれば、通常の食生活で起こりうる硝酸塩の低濃度曝露による動物実験の結果からは、発がん性の有無は不明とされており、これは2003年のFAO/WHOの結論と同じである。

硝酸塩の主要な摂取源は野菜だが、ビタミンCをはじめとする保護因子も含んでいるため、野菜を大量に摂った場合は、野菜に含まれるのと同じ量の硝酸塩だけを摂取した場合に比べ、胃がんのリスクは低くなると考えられている。

発がん性とは別の毒性として、硝酸塩を高濃度に含む井戸水によって幼児にメトヘモグロビン血症が発生した事例が米国やヨーロッパで報告されている。これについては日本でも新生児に関する報告があるが、今のところ特殊なケースにとどまっている。

メトヘモグロビンとは、赤血球内のヘモグロビン中にある2価鉄イオンが酸化され、3価鉄イオンになったものをいい、酸素への結合・運搬能力が損なわれてしまう。硝酸塩を高濃度に含む水によってメトヘモグロビン血症が生じたのは、硝酸塩から亜硝酸塩が生じて血中に入り、128ページのコラム3で紹介した青酸カリ患者の救護時と同様、ヘモグロビン中の鉄イオンに酸化が起こったものと考えられる。3価鉄になったメトヘモグロビンには酸素は結合しないので、全身的な酸素欠乏へといたる、危険な中毒症状を示す。

21世紀に登場した職業性のがん

PCBやDDT、ダイオキシン、塩化ビニル、トリクロロエチレン、テトラクロロエチレン、四塩化炭素、クロロホルム、ヘキサクロロベンゼン、1，2-ジクロロエタンなど、塩素を含む有機物には発がん性があることが知られている。2012年には、1，2-ジクロロプロパンやジクロロメタンを用いていた印刷業の労働者に胆管がんが発生したことが問題になった。

高度成長期に頻発した公害が、あたかも遠い昔の出来事であるかのように錯覚していた2012年に、このような化学物質による職業性のがんが発生したことは驚きであった。各種の職場で使用される化学物質は6万種類にも及び、厚労省には年間約1200種類の新規化学物質の届け出があるという。中毒学の知見を総動員して、それらに対する毒性評価や安全対策を十分に行う必要がある。

グループ2Aに含まれるテトラクロロエチレンは、ドライクリーニングに使われる。油汚れは水には溶けないため、有機溶媒を用いて洗浄する。ドライクリーニング業が化学物質による健康リスクを生じうるのはそのためである。この職業に従事する人は、一般人とは比較にならない高濃度の薬品に曝露される可能性がある。ただし、ドライクリーニングに出した洗濯物に含まれる溶剤などは分量が少ないので、特に気にする必要はない。

やはり危ない魚や肉のこげ

身近な問題として、国立がん研究センターの杉村隆らは1977年、魚や肉の焼けこげに、ア

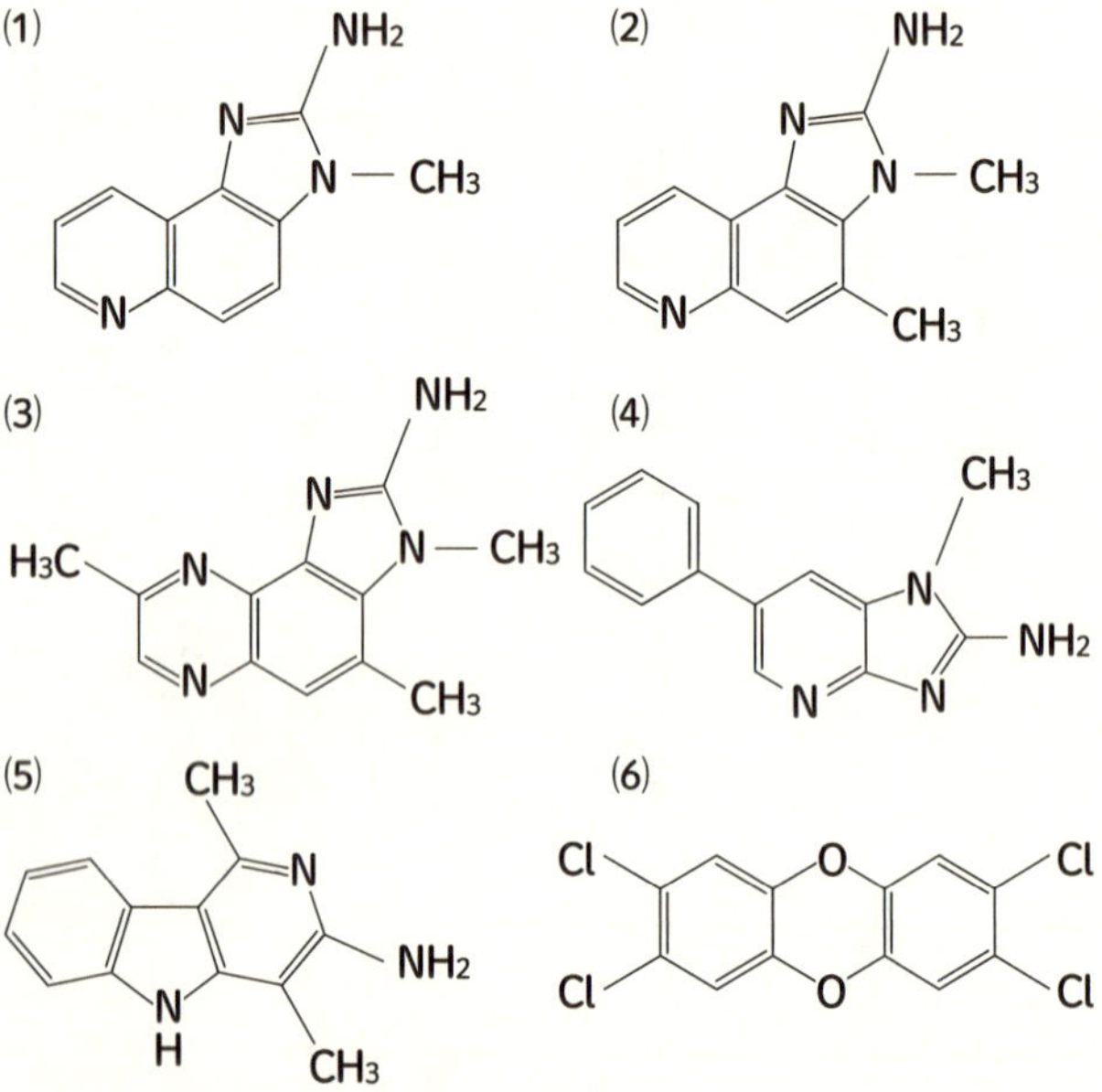

図8-5　タンパク質の加熱によって生成するヘテロサイクリックアミンの構造　番号順に、IQ、MeIQ、MeIQx、PhIP、Trp-P-1、最後はテトラクロロジベンゾジオキシン（TCDD）を参考に挙げた

ミノ酸由来の変異原が含まれることを明らかにした。

それらが、2-アミノ-3-メチルイミダゾ［4，5-f］キノリン（IQ）、2-アミノ-3，4-ジメチルイミダゾ［4，5-f］キノリン（MeIQ）、2-アミノ-3，8-ジメチルイミダゾ［4，5-f］キノキサリン（MeIQx）、2-アミノ-1-メチル-6-フェニルイミダゾ［4，5-b］ピリジン（PhIP）、3-アミノ-1，4-ジメチル-5H-ピリド［4，3-b］インドール

（Trp-P-1）などとよばれるヘテロサイクリックアミンであり、その構造を図8－5に示す。

ヘテロサイクリックとは、炭素以外の元素がベンゼン環に含まれる分子のことで、この場合は、窒素が環に含まれている。アミンは、アミノ基（$-NH_2$）をもつ分子のことをいう。

アミノ酸のような有機物は、加熱によって熱分解することもあるが、酸化されて（水素が酸素に奪われて）、安定な六員環や五員環が集まったヘテロサイクリックアミンのような分子に変わっていく（このような構造を、縮合環構造という）。燃焼から連想されるように、ゴミ焼却施設から排出されるテトラクロロジベンゾジオキシン（ＴＣＤＤ）（図8－5⑹参照）も、ディーゼルエンジンの排ガスに含まれるベンゾ[a]ピレン（172ページ図8－2参照）も縮合環系の化合物である。

これらのヘテロサイクリックアミンが、グループ2Ａや2Ｂに分類されており、肉のこげの中にはグループ1のベンゾ[a]ピレンなども含まれているので、肉や魚のこげた部分を大量に食べないほうが無難である。もちろん、これらのアミン類がもつ毒性に対して生体システムが無策というわけではなく、解毒のための部隊として、これらを酸化するＰ４５０が肝臓に存在している。

発がんリスクが否定されたサッカリン

グループ3に含まれるサッカリンはかつて、ラットで膀胱（ぼうこう）がんを発症することが報告されたことがある。しかし、その後の研究によれば、尿中に結晶が出るレベルの大量投与でなければ発がん性を発揮することはなく、通常の用量であればヒトに対する発がん性はほとんどないと結論づけられた。米国などではむしろ、砂糖の摂りすぎによる肥満リスクのほうが大きいと考えられている。

グループ1に記載されている気体の塩化ビニルには、肝臓や腎臓における発がん性が確認されているが、それが化学結合で長くつながって（重合して）、固体のポリ塩化ビニルになると、発がん性はなくなる（グループ3）。前述のとおり、ポリとは「多数」という意味である。アクリル繊維（ポリアクリロニトリル）、ポリスチレン、ポリアクリルアミドなども似た関係にある。しかし、固体だから大丈夫というわけでは必ずしもなく、アスベスト、シリカや石英の粉末、革や木の粉末、鉱石、二酸化チタンなどには発がん性がある。

好中球やマクロファージなどの白血球は、活性酸素を使って体内に侵入したバクテリアを殺すが、活性酸素で分解できない異物には、繰り返し活性酸素が使われて周囲に漏れていくためか、発がん性があることが多い。前記のアスベストやシリカ、石英、二酸化チタンなどがこれにあたる。活性酸素の代表であるヒドロキシルラジカルは、放射線によっても生成するが、DNAのグアニンを8-オキソグアニンに変換し、突然変異を起こす原因になる（図8-6）。これは、次の細胞分裂のときにチミン（T）などに変化することがわかっている。

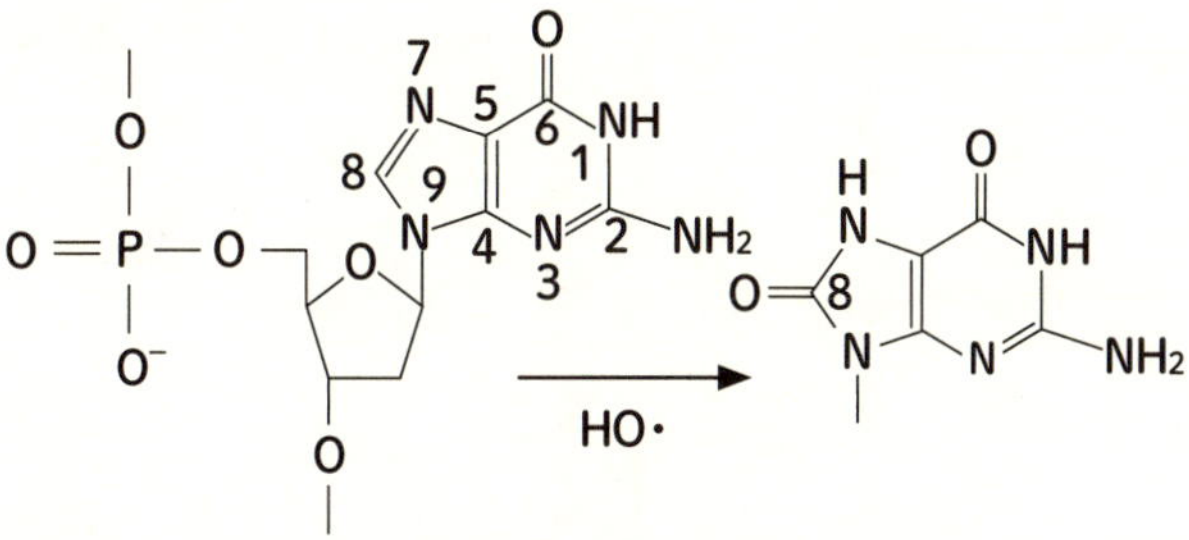

図8-6　ヒドロキシルラジカル（HO・）によるグアニンの反応

ポテトチップに含まれる毒性

表8－4に記載された物質の中でも、グループ2Aに分類されるアクリルアミドが注目を集めている。

アクリルアミドは、工業界においては紙の強度の増強、合成樹脂、地下工事の土壌凝固剤、接着剤などに使われており、多量の曝露を受ける労働者で神経に対する毒性が現れる。ところが、もっと身近なところでアクリルアミドの毒性に曝される可能性があることがわかり、近年話題となっている。

その主役は、ポテトチップである。アミノ酸のアスパラギンとグルコースを高温加熱することで、アクリルアミドが生成されることが判明したのだが、ポテトチップがまさに、アスパラギンとグルコースを含み、高温で加熱することでつくられるものだからである。

ポテトチップにおけるアクリルアミドの含量については多くの報告があり、その測定値には同じ製品でもロットによって幅がある。2006年に開催された第38回コーデックス委員会食品添加物・汚染物部会によれば、その濃度は最大値が3770μg/kg、最小値が117μg/kgと報告されている。

他の食品のアクリルアミド含量にも大きな幅があるが、μg/kgで最小値と最大値を示すと、フライドポテトで59~5200、生のジャガイモで10未満~50未満、ケーキパイ類で18~3324、パン類で20未満~130、トーストで10未満~1430、ポップコーンで57~300、チョコレート製品で2未満~826、インスタントコーヒーで195~4948、ほうじ茶やウーロン茶で9未満~567となっている。

数値にこれだけの幅があるということは、アクリルアミドを低減することが可能であることを示しており、食品事業者はこの報告以降、さまざまな取り組みを行っている。

なお、WHO専門家会合報告書によれば、ゆでそば、うどん、ご飯、豆腐、卵焼き、メンチカツ、焼きサバ、てんぷら、魚フライ、焼きちくわ、さつま揚げ、ビール、牛乳、リンゴジュース、オレンジジュースなどからは、アクリルアミドは検出されていない。

どんな毒性を発揮するのか

アクリルアミドが、実際にどんな影響を私たちの健康に与えるのかについては、WHOなどの

影響	NOAEL または$BMDL_{10}$ (mg/kg体重/日)	曝露幅（MOE）		結論／コメント
		平均摂取	高摂取	
ラットにおける神経組織の形態変化	0.2 (NOAEL)	200	50	推定平均摂取量では神経学的な影響はないと考えられるが、アクリルアミド摂取量が多い人々の場合には神経に形態学的な変化が生じる可能性を排除できない
ラットにおける乳腺腫	0.31 ($BMDL_{10}$)	310	78	遺伝毒性および発がん性を有する化合物としては、これらのMOEは健康への懸念を示唆するものである
マウスにおけるハーダー腺腫	0.18 ($BMDL_{10}$)	180	45	

表8-7　2010年のJECFAによるアクリルアミドに関する報告（農林水産省ホームページより）

国際機関も含め、いまだ結論は出せていない。２０１０年に発表された、ＦＡＯ／ＷＨＯ合同食品添加物専門家会議（ＪＥＣＦＡ）の動物実験による結果を表８－７に示す。各国が実施した摂取量評価の結果から、一般人の平均的なアクリルアミド摂取量は一日あたり１μg／kg体重であった。摂取量の多い人で、一日あたり４μg／kg体重と評価されている。

　さまざまな濃度のアクリルアミドを含む水を90日間ラットに飲ませ、電子顕微鏡で神経の形態変化を観察した結果から、最大無作用量（ＮＯＡＥＬ）は０・２㎎／kg

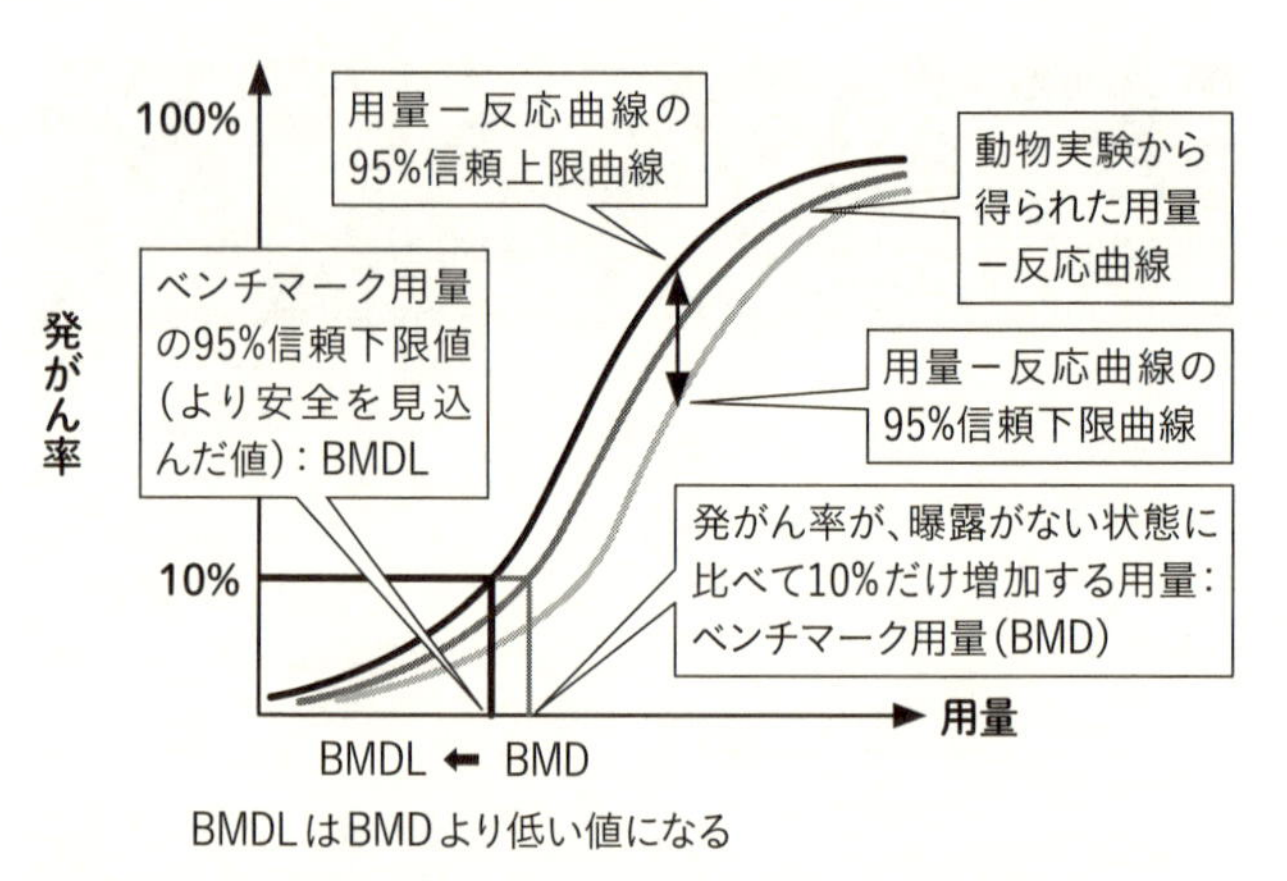

図8-8　発がん率が10%増加する投与量（BMD）と信頼下限値（BMDL）
（農林水産省ホームページより）

体重／日と推定されている。高摂取群では、曝露幅（MOE＝NOAEL／曝露量）は50（0・2㎎／4㎍）であった。

この比が、許容一日摂取量のところで登場した安全係数（種差×個体差＝10×10）の100より大きいと一応安全とされる。しかし、アクリルアミドは50なので、神経に障害が起こる可能性を排除できないと結論づけている。

発がんについては、ベンチマーク用量（BMD）を用いて評価される（図8－8）。

まず、ラットによる動物実験で用量を変化させながら、発がん率がどのように変化するかを実験し、対照群と比較して発がん率が10％上昇する用量であるBMDを求める。その95％信頼下限値をBMDL[10]という。この値と摂取量との比が曝露幅（ＭＯＥ）で、乳腺腫の場合、高摂取の人は０・３１／０・００４＝78となる（表８－７）。

この値が、ＮＯＡＥＬを用いた場合の１００を５倍して５００以上あれば、まずまず安全といえるが、78と明らかに小さい数値であるため、懸念があるとしている。ここで５００という数値を用いるのは、評価対象が発がん性であることから、通常の毒性より厳しく判定するためである。

表８－７に示したように、哺乳類にある脂質を分泌する顔面腺であるハーダー腺腫の場合も45という数値になっており、同様の懸念があるとされる。ただし、労働者を対象とした疫学調査では、アクリルアミドの曝露と発がん率増加の関連を示す証拠は得られていない。引き続き検討が必要である。

コラム５

ラジカルが起こす反応

ここまでに何度か、ラジカルという言葉が出てきた。不対電子をもつ分子であるラジカルは、私たちの体にどのような作用を及ぼすのだろうか。

式 8-2

CH_4 + ・OH → ・CH_3 + H_2O

メタン　ヒドロキシルラジカル　メチルラジカル　水

生体内における酸化ストレスの元凶は、ヒドロキシルラジカルである。ラジカルの代表として、その性質を見てみよう。

通常の分子においては、すべての結合は電子対によって形成されている。ラジカルには不対電子があるので、電子対を形成して安定な分子になろうとする性質があり、そのためにきわめて反応性が高いという特徴をもつ。電子対を形成する最も一般的な方法は、他の分子から水素原子を引き抜くことである。たとえば、ヒドロキシルラジカルが炭化水素の代表であるメタンから水素を引き抜く反応は、式8－2のようになる。

ヒドロキシルラジカルが水素原子を引き抜くと、自身は水という安定な分子に姿を変える。しかし、引き抜かれた側のメタンからは水素原子がなくなるため、こんどはこちらがメチルラジカルとなって、不対電子をもつことになる。

ここで、世にも珍しい分子が登場する。すなわち、不対電子を2個もつ酸素である。図8－9を見てほしい。

酸素は、最外殻に6個の電子をもつ。そのため、酸素分子を形成する二つの酸素原子それぞれに、不対電子が存在する。不対電子をもつ者どうしは、出会えばすぐに結合する性質があるので、メチルラジカルは、酸素分子の一方の不対電子と結合するが、その結果、もう一方の不対電子が残ったメチルペルオキシラジカルに変換される。

なお、酸素は不対電子をもっているがきわめて安定な分子であり、酸素分子どうしが結合することはない。しかし、炭素ラジカルに対しては迅速に結合する性質をもっている。

メチルペルオキシラジカルがメタンから水素を引き抜くと、ふたたびメチルラジカルが生成する（式８－３）。同時に生成するメチルヒドロペルオキシドのO—O結合は弱く、熱で分解して二つのラジカルを生成する。これは、天然ガスが燃える反応そのものである。私たちはこの熱を使って調理をしている。最初のガスの点火は、高電圧でラジカルを発生させているのである。

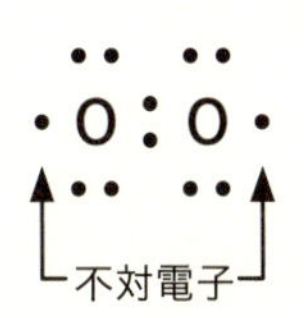

図8-9　酸素の電子状態

複雑な反応式はあまり気にする必要はない。重要なのは、電子対で成り立っている分子の世界に不対電子が入ってくると、いったん起こった反応が止まることなく、連鎖的につづいていくということである。すなわち、連鎖反応を起こすのである。

日常的な経験からも、ガスやロウソクに一度火をつけると、燃えつづけることは明らかである。燃焼とは、まさにこのようなラジカル連鎖反

式 8-3

$\cdot CH_3 + O_2 \rightarrow CH_3O{-}O\cdot$
メチルラジカル　酸素　メチルペルオキシラジカル

$CH_3O{-}O\cdot + CH_4 \rightarrow CH_3OOH + \cdot CH_3$
メチルペルオキシラジカル　メタン　メチルヒドロペルオキシド　メチルラジカル

$CH_3OOH \rightarrow CH_3O\cdot + \cdot OH$
メチルヒドロペルオキシド　メトキシラジカル　ヒドロキシルラジカル

応であり、迅速な酸化反応のことである。同様に、植物の葉が燃焼状態にあるタバコの煙には、大量のラジカルが存在することが証明されている。受動喫煙が問題になるのはそのためである。

一方、私たちの生体システムは、酸素という、危険であるがゆえに効率よくエネルギーを生み出すことができる分子を使っているため、喫煙の有無にかかわらず、体内では必然的にヒドロキシルラジカルが発生している。ロウソクやガソリンと同様、このヒドロキシルラジカルが炭化水素の部分をもつ細胞膜にラジカル反応を起こすことも理解できるだろう。細胞膜で発生した火災が、タンパク質やDNAに延焼することも十分にあり得、その結果、私たちの体が障害を受けることもある。

ビタミンCやE、グルタチオンは、ラジカルに電子や水素原子を与えて、この連鎖反応を止めることができる抗酸化剤である。他に、過酸化水素やメチルヒドロペルオキシドなどの危険な分子を分解するグルタチオンペルオキシダーゼのような抗酸化系酵素がいくつも存在する。これら抗酸化系のメンバーが優勢のときはいいが、酸化系が優勢になった状態を酸化ストレスという。酸化ストレスによって、老化やがん、動脈硬化などが生じ、進行していくと考えられている。

酸化ストレスは、中毒学においてもきわめて重要であり、たとえば、塩素を含む炭化水素やアルコールは、肝臓などに酸化ストレスを引き起こすことがわかっている。

そのしくみは、次のようなものである。まず、これら生体異物は、Ｐ４５０を誘導する。Ｐ４５０は酸素を活性化して異物を酸化するが、Ｐ４５０との反応によってラジカルが生じたり、酸化する前にヘム鉄に結合した活性酸素が離れていくという現象も起こる。そのため、Ｐ４５０が誘導されて増加するだけで、その組織の酸化ストレスが高まっていくのである。

統計的処理の限界

エイムステストのような簡便な方法も存在するものの、対象が重要な物質である場合には、最終的に発がん性を評価するためには、哺乳類を用いる動物実験を行うしかない。

たとえば、ある有用な化合物Ｘに発がん性があるかどうかを調べるとき、まず行うべきは、急性毒性を示さない用量を決定することである。慢性毒性の一つである発がん性を調べるためには、Xの用量ができるだけ高いほうが明確な効果が出るが、実験動物が死んでしまったのでは意味がない。Xを添加した餌で飼育しても、長期間生存できる必要がある。この段階であまりに毒性が強いようであれば、発がん性など調べるまでもなく、急性毒性を理由に使用禁止にすればよい。そのため、用量を変えて実験を繰り返し、まず最大耐量を決定するのである。

急性毒性を示さない用量が決まったら、こんどは、たとえば実験群には50匹のラットを用いて、決定した用量のXを含む餌を与える。同時に、対照群として同じく50匹のラットに通常の餌を与える。毒性には性差がある場合もあるので、オス、メスそれぞれを50匹ずつ用意するのが通常である。対照群も、雌雄ともに同数を用意する。

実験／対照の両群について、毎日の餌の摂取量と体重の変化を記録していく。ラットの寿命は約3年だが、毎日観察して死亡するラットが出れば解剖し、どの臓器にどんな病変が起こって死んだのか、死因を特定する。すべてのラットが死に、それぞれの死因が特定されたところで、実験群のラットががんで死亡した時期や率が、対照群と比較して統計学的に有意であれば、Xには発がん性があることになる。医学では、統計学的に5％の危険率で判定するのがふつうである。

27ページのコラム1で紹介したように、医学は統計的な知の体系である。病気を10万人あたり何人と示したり、ある病気のある状態について、5年生存率は何％などと表現するのはそのためである。

　ところで、データを統計処理する場合には、母集団の数が重要性をもつ。選挙速報を見てもわかるように、母集団の数が何千とか何万になれば、かなり正確な予測が可能となる。しかし、大学などの通常の研究室では、１０００匹のラットを飼育して、そのすべてについて死因の詳細を解析することは不可能である。研究室の規模にもよるが、おそらく１００匹程度までが限界だろう。

　母集団の数によって、どの程度の発がん率を検出できなくなるのだろうか。図８－10に示すように、実験群が50匹では８％になる。

　つまり、実験群と対照群に８％以下の差しかなければ、その物質の発がん性は検出できない。言い換えれば、統計学的な有意差はないという結論になるのである。８％はかなり大きな数字であり、弱い発がん性

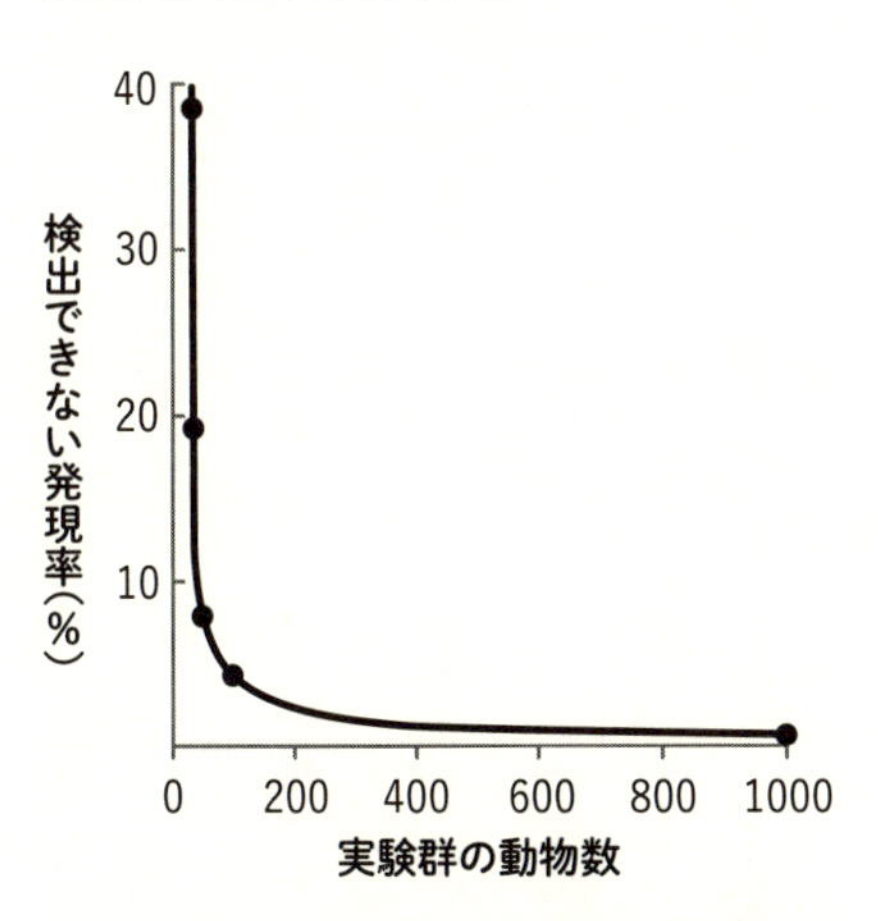

図8-10　発がん性を検出する実験における動物数による検出限界(Eaton & Gilbert, Principles of Toxicology, *Casarett & Doull's Toxicology: The Basic Science of Poisons*, 8th Ed.の図2-14を改変)

の検出は無理だということを意味している。

発がん性や毒性などの悪影響であっても、あるいは反対に、健康増進に寄与する望ましい影響であっても、「弱い効果」は検出しにくいという、この事実はきわめて重要である。それらに関する数値に触れたとき、その危険率が5%ギリギリなのか（論文では危険率はｐの数字で表されており、5%ならｐは0・05）、1%（ｐは0・01）でも大丈夫なのかなど、どの範囲の確かさを示しているのかを確認することが大切である。

エピジェネティクスの影響は？

エピジェネティクスとは、「ＤＮＡの塩基配列の変化を伴わずに、染色体における変化によって生じる安定的に受け継がれうる表現型」のことである。どうにもわかりにくい定義だが、分化を例にとって考えてみよう。

私たちの生命が形作られるとき、たった一つの受精卵から次々に細胞増殖を繰り返すことで、各細胞は皮膚や臓器、あるいは神経系などに分化していく。それぞれの臓器や細胞は、形も違えば機能も異なる。すなわち、表現型はさまざまだが、ＤＮＡの配列それ自体は、がん化などが生じないかぎり、どれも同じである。

55ページのコラム2で述べたように、ヒトのＤＮＡの長さは約1ｍである。これが、わずか5

μm程度の大きさの核に入っているのだから、相当にうまくたたんで収納する必要がある。イメージしやすい喩えでいえば、直径1mの玉に、直径0・4㎜で長さ200㎞（！）のロープを収納することに相当する。あなたなら、どうやってこれだけ長いものをうまく収納するだろうか？

私たちの細胞内では、ヒストンとよばれるタンパク質が、〝糸巻き〟の役割を果たしている。4種類のヒストンが2個ずつ集って、計8個のタンパク質で糸巻きのコアヒストンを形成している。一つの糸巻きに、146個もの塩基対が左巻きに約2周分巻きつくことでヌクレオソームコア粒子を構成し、このヌクレオソームコア粒子の間を約20塩基対から成るつなぎ役のDNAが結合している。

細胞の表現型が異なるのは、DNAやヒストンに化学変化が起こるためである。たとえば、あるタンパク質をコードしているDNAのシトシンのメチル化が起こると、そのタンパク質の発現は阻害される。また、ヒストンのリシンやアルギニンというアミノ酸にメチル化やアセチル化が起こることで、遺伝子の発現が抑制されたり活性化されたりする調節を受ける。

アルブミンというタンパク質は、肝臓でさかんに合成されているが、他の臓器では合成されない。つまり、アルブミン遺伝子は肝臓でのみ発現していて、他の臓器では抑制されている。ヒトには約2万個のタンパク質に関する遺伝子が存在するが、それぞれの遺伝子の活性化‐抑制の組み合わせが各臓器の表現型をつくっている。そして、その表現型は細胞分裂しても失われず、肝臓の細胞は必ず肝臓の細胞になることができる。つまり、安定的に受け継がれていく。

メチル化や脱メチル化、アセチル化や脱アセチル化には、それぞれ数種類の酵素が関わっていて、細胞内ではそれらが微妙な調節を受けて、遺伝子発現の調節を行っている。細胞内にはさらに、マイクロＲＮＡという18〜24塩基程度の短い非コード（タンパク質に翻訳されない）ＲＮＡが存在し、ｍＲＮＡに結合して翻訳を阻害するような現象も存在している。これらの調節機構が変化することで、ＤＮＡそのものに変異が起こらなくても、さまざまな表現型が可能となっているのである。

たとえば、がん抑制遺伝子自身に変異が起こらなくても、これが高メチル化されるとタンパク質ができなくなる。実際に、膀胱・大腸・乳がんでこのような例が知られている。表現型が変化しうるのであれば、がん化が生じることも推測でき、事実、遺伝子を変異させずにがんを起こす非遺伝毒性の発がん剤が知られている。エピジェネティック発がん剤とよばれるものである。

たとえば、メチル基のもとになる物質が不足したコリン欠乏食やメチオニン欠乏食をラットに与えると、肝臓がんが起こることが知られているが、これは、がん原遺伝子（214ページのコラム6参照）である、ｃ－ｍｙｃ、ｃ－ｆｏｓ、ｃ－Ｈ－ｒａｓなどのメチル化が減少することが、原因の一つと考えられている。

ジエタノールアミンも肝臓に対する発がん作用をもつが、これはコリンを枯渇させるためであると考えられている。活性酸素によるグアニンの酸化で生成する8－オキソグアニンは、隣のシトシンのメチル化を阻害するためメチル化が減少するが、これが活性酸素による発がんの一つの機構とも考えられている。活性酸素はもちろん、DNAの変異を引き起こす遺伝毒性も同時にもっている。

エピジェネティクスが注目を集めたきっかけは、疫学研究によってもたらされた結果だった。1944年の冬、オランダはドイツ軍に食料封鎖されて飢餓状態に陥った。そのとき妊娠していた女性から生まれた赤ちゃんが50年後、高血圧や2型糖尿病、心筋梗塞などになりやすいことがわかった。胎児期の低栄養が50年も経ってから効果を表す理由の探究が、エピジェネティックな効果を考える契機となったのである。

低栄養状態の胎児は、少ない栄養源をうまく倹約して利用できるようになった結果、皮肉にも糖尿病などになりやすくなったという倹約遺伝子説である。胎児期の栄養が、自閉症や精神疾患と関係しているという論文もあるが、明確な因果関係の検証については今後の研究が必要である。

脂肪摂取で増えるがん

食生活とがんに関しては、前述の食塩と胃がんの関係がよく知られているが、脂肪摂取と大腸

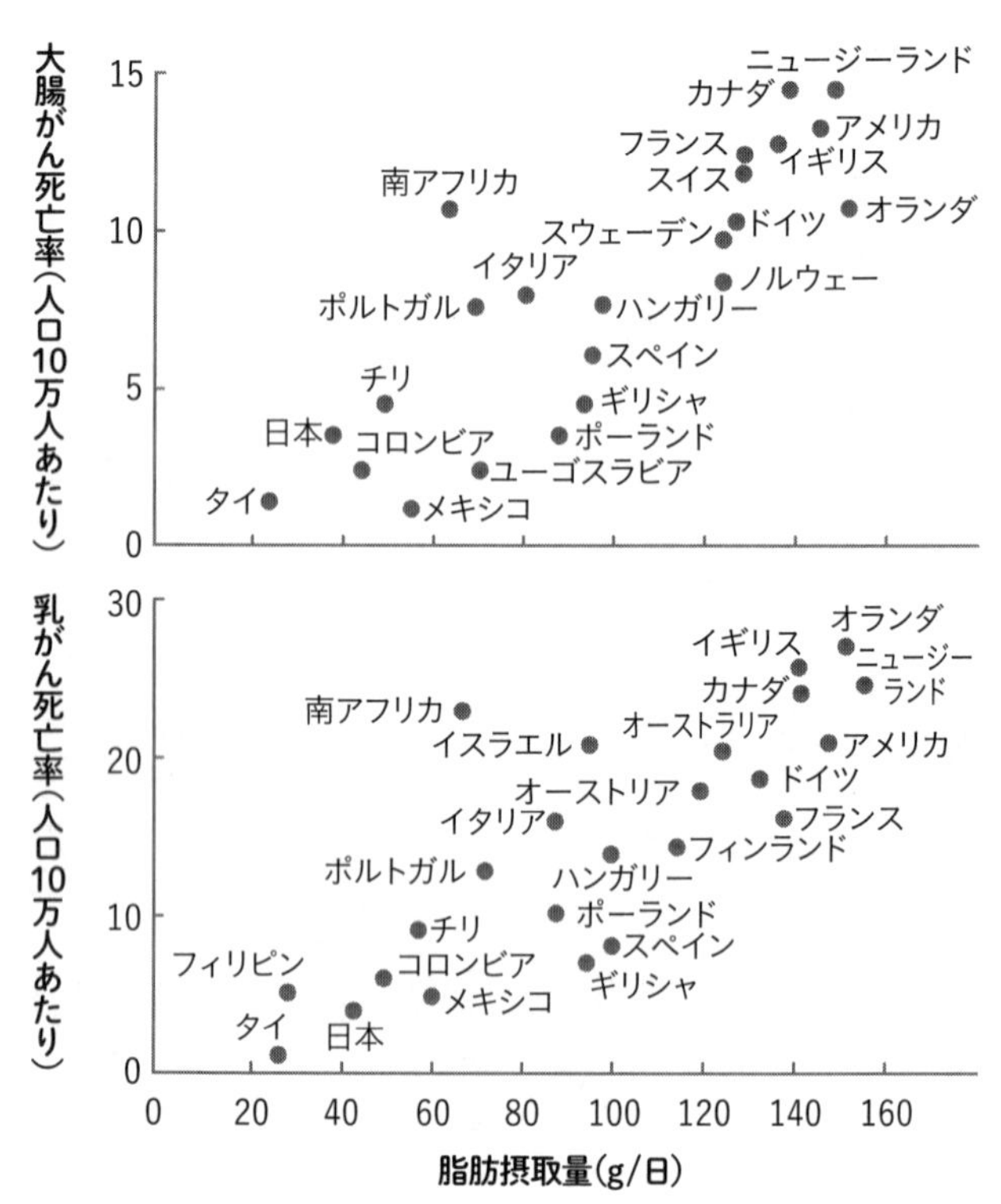

図8-11　各国における大腸がんおよび乳がんの死亡率と脂肪摂取量の関係（松原聰『がんの生物学』裳華房、1992年）

がん、乳がんの関係も有名である。

図8－11には、各国の脂肪摂取量と大腸がん死亡率、乳がん死亡率が示してあるが、脂肪摂取量が多いほど、両がんによる死亡率が高くなっていることが見てとれる。脂肪にプロモーター作用があることが、その原因と考えられている。

がんを予防する生活習慣

米国がん研究協会（ＡＩＣＲ）が２００７年に発表したがんの予防策には、以下の９項目が挙げられている。

①体重に関しては、ＢＭＩが18・５～24・９ぐらいを標準とする（やせていればよいというものではない）。

②身体活動が活発なほうがよい。速歩きを毎日30分。できれば1時間歩くか、30分の速歩きを追加（大腸がんをはじめ、いくつかのがんを予防する）。

③高カロリーの食品を避ける。１２５kcal／１００g以下の食品をとる。砂糖の入った飲料を少なく。ファストフードの消費を少なく。

④植物性の食品を主に食べる。

⑤赤肉や加工した肉を避ける。肉の消費は一週間に５００g以内に。

⑥アルコールを制限。男性はアルコールを一日30g以下、女性は15g以下に。
⑦食塩を一日6g以下に（これは日本では困難）。カビの生えた穀物をとらない（カビ毒には、発がん性をもつアフラトキシンが含まれる）。
⑧食品からのみ栄養をとる。サプリメントは勧められない。
⑨赤ちゃんは半年間、母乳で育てる。これは母親の卵巣がんを予防し、子どもの肥満を防ぐ。

以下に、日本の国立がん研究センターによるがん予防法の7項目も紹介しておく。

①禁煙する。タバコは吸わず、他人のタバコの煙を避ける。
②節酒する。一日あたりのエタノール摂取は約23gまで（米国とは少し異なる）。
③減塩。男性は一日8g未満、女性は7g未満に（食塩により胃がんのリスクが高くなる）。
④野菜を一日350g摂取する。熱い食べものは冷ましてから食べる。熱い食品は食道がんと食道炎のリスクを高める。
⑤体を動かす。18～64歳では、歩行またはそれと同等以上の強度の身体活動を毎日1時間。それに加え、息がはずみ、汗をかく程度の運動を毎週1時間程度行う。65歳以上では、強度を問わず、身体活動を毎日40分行う。
⑥適正体重を維持する。男性はBMIが21～27でがんのリスクが低下し、女性は21～25で死亡のリスクが低下する（やはり、やせていればいいわけではない）。

⑦感染に注意。日本人のがんの原因として、女性で最多、男性で二番めに多いのが感染（男性のトップは喫煙）。肝炎ウイルスやヘリコバクター・ピロリ菌、ヒトパピローマウイルス、ヒトT細胞白血病ウイルスに感染したら、医療機関に相談する。

米国と日本とで共通する項目と異なる項目があるのは、両国の食生活や体格などを反映してのことであろう。いずれも、メタボリック症候群の予防と共通する常識的な内容しか書かれていない。がん予防の特別な秘策など、存在しないためである。

適正な体重と運動が「体の耐性」を高める

米国でも日本でも、がんの予防法に適正体重と運動が入っている。

適正体重については、やせすぎても太りすぎてもがんにかかる率は高くなるし、動脈硬化も進行しやすい。なぜそうなるのかについて、分子レベルにおける多くの研究が行われている。１９８９年、テキサス大学のカプランは、耐糖能異常（糖尿病）、高中性脂肪血症（血液中に中性脂肪が多いこと）、内臓型肥満、高血圧の四つは一人の人に集積しやすく、このような人は心筋梗塞など動脈硬化性疾患になりやすいことから、これらを〝死の四重奏〟と名づけた。現在では、メタボリック症候群とよばれている。

厚労省による２０１３（平成25）年の国民健康・栄養調査報告で現在の日本人の体格分布を見

ると、約30%の中年男性は肥満（BMI25以上）状態にあり、若い女性の約20%がやせ（同18・5未満）である。肥満から起こる2型糖尿病は、全身に酸化ストレスを亢進させ、高血圧は動脈にストレスを加えることで、両者ともに動脈硬化を進行させることはよく知られている。

また、内臓脂肪細胞が脂肪を蓄積すると、動脈硬化を促進する数種類のアディポサイトカイン（adipocyte〈脂肪細胞〉から出されるホルモン様のタンパク質）を出し、一方で動脈硬化を予防するアディポネクチンが減少することが判明している。分子レベルにおける肥満と動脈硬化の関係が、少しずつ明らかにされてきている。

脂肪は必須栄養素であるが、その過剰摂取は生体にとって不都合な反応を引き起こす。余分な糖は、体内で脂肪に変換されて貯蔵される。タンパク質は糖にも脂肪にも変換できる。肥満は、脂肪だけでなくエネルギー摂取過多の結果である。

運動と健康の関係については、運動によって筋肉でエネルギーであるATPが消費される結果、AMP（アデノシン一リン酸：ATPのリン酸二つがとれて、一リン酸になったもの）が蓄積する。そのAMPによって活性化されるAMP活性化タンパク質キナーゼ（AMPキナーゼ）という酵素が活性化され、種々のタンパク質をリン酸化する結果、脂肪の分解とグルコースの取り込みを促進する。糖尿病の治療においても運動が重要なのは、このためである。

一方、やせがよくない理由はなんだろうか？

やせている人は、栄養素全般、特にタンパク質やビタミンなどの欠乏があると考えられる。なかでも高齢者の場合には、感染症への抵抗力が落ちることや酸化ストレスに対抗する酵素の合成などが不十分になる可能性が考えられている。

食品中の有効成分だけを抽出したら……？

発がんには、イニシエーションとプログレッションの段階で遺伝子の変異が関わっている。遺伝子の変異を起こす代表格は、ヒドロキシルラジカルのような活性酸素である。また、動脈硬化の主要な原因も、悪玉コレステロールといわれる低密度リポタンパク質（ＬＤＬ）などの活性酸素による酸化である。

だとすれば、ビタミンＥやβ－カロテンのような抗酸化物質には、がんや動脈硬化を予防する効果があると考えるのは自然である。フィンランドで行われた介入研究を紹介しよう（*New Engl. J. Med.*, 330, 1029–1035（1994））。

この研究では、50～69歳の３万人近い喫煙男性を無作為に四つのグループに分け、第一グループには毎日ビタミンＥを50㎎投与、第二グループには毎日β－カロテンを20㎎投与、第三グループにはビタミンＥ50㎎とβ－カロテン20㎎の両方を投与し、第四グループにはプラセボ（偽薬）を投与して、二重盲検法で行った。

二重盲検法とは、患者はもちろん実験を行う医師の側にも、どの患者がどのグループに所属するのかがわからない状態で行うものである。医師が投与される医薬品を知っていると結果に影響を与えることがわかってから、このような方法がとられるようになった。もちろん正確な情報は第三者、たとえば病院長などが記録している。

5〜8年にわたる発がんへの影響を見て、β-カロテンを投与されたグループで肺がんの発生率が高く、ビタミンEには特別な効果はないことがわかったため、この研究は中止された。β-カロテンは、ヒドロキシルラジカルのような不対電子をもつラジカルと迅速に結合するが、その結果、自身がラジカルに変わってしまう。タバコの煙にはラジカルが大量に存在するので、β-カロテンを服用する患者のほうがラジカルを多く発生し、肺がんが増えた可能性もある。

なぜ効かなかったのか?

β-カロテンを多く含む緑黄色野菜はすべてのがんの予防に有効であることがすでに多くの疫学調査で明らかになっており、この結果にはまず間違いがない。重要なのは、だからといって、その成分を抽出して摂取しても、期待されるような効果は表れないということである。なぜ、抽出成分だけでは効果をもたないのだろうか?

さまざまな理由が考えられる。β-カロテンが無意味ということではなく、たとえば他のカロテン類や、ビタミンCをはじめとする他のビタミンが存在するときにだけ、効果を発揮するのかもしれない。野菜なら、β-カロテン以外のカロテン類もビタミン類も豊富に含まれている。米国がん研究協会が、「食品からのみ栄養をとる。サプリメントは勧められない」といっているのは、根拠のあることなのである。

がんだけに限らず、ビタミンCやEの服用で動脈硬化や心筋梗塞などを防ぐ効果があるかどうかを調べた介入研究も数多くあるが、効果があるとする論文とないとする論文とが半々ぐらいで、明確な結論は出ていない。

なぜだろうか？　食生活に偏りがあり、ビタミンCやEが不足している人にとっては、それらの服用が有効であることは確実である。しかし、バランスのとれた食生活を送っている人に投与しても、ビタミンCに関しては過剰に摂取した分は排出されるだけで意味がない。

加えて、研究に参加している人は、心筋梗塞などで入院した結果、病院に協力することになった高齢の患者である場合が多い。すなわち、すでに動脈硬化が進行していて、特定の栄養素による大きな予防効果が期待できないケースが多く含まれるものと考えられる。若い人を対象に、30年程度の時間をかけて追跡すれば、明確な結果が出るかもしれないが、そのような研究を行うのは倫理的な面からも経済的な面からもきわめて困難である。

サプリメントがまったく無意味とまでいうつもりはないが、ごくふつうの食生活をしている人には、残念ながら効果はないと考えるのが妥当だろう。

コラム6 がん遺伝子とがん原遺伝子

米国ロックフェラー大学の病理学者で、1966年にノーベル生理学・医学賞を受賞したラウスは1911年、ニワトリ肉腫の中に肉腫を発生させるウイルスが存在することを発見した。ラウス肉腫ウイルス（RSV）である。

RSVはRNAウイルスだが、宿主細胞に入った後、逆転写酵素でRNAからDNAを合成し、これを宿主のDNAに挿入して、さらにそのDNAを転写することで、RNAウイルスとしての自身を複製する。

このウイルスの遺伝子中に、v-src遺伝子がある（先頭の「v」はウイルス〈virus〉由来であること、「src」はsarcoma〈肉腫〉を示す）。この遺伝子がつくり出すv-Srcタンパク質（「S」が大文字になっているのはタンパク質であることを示す）が、宿主細胞をがん細胞へと転換させるはたらきをもつ。そのため、v-srcをがん遺伝子（オンコジーン）とよぶ。

ところが、正常なニワトリの細胞にも、これとよく似たc-src遺伝子（「c」は細胞

〈cell〉由来であることを示す）が存在する。ｃ－ｓｒｃ遺伝子はショウジョウバエからヒトまで共通に存在し、これがつくるタンパク質であるｃ－Ｓｒｃも増殖を促進する。ｃ－ｓｒｃは細胞に必須の遺伝子であり、これをがん原遺伝子（プロトオンコジーン）という。

ｖ－ｓｒｃは、ウイルスが細胞からがん原遺伝子を獲得した後、突然変異を起こしたために、制御がきかなくなっていることが判明した。

ｖ－ｓｒｃは宿主細胞を増殖状態に保つことでウイルス複製の速度も増すため、ウイルスにとって有利な遺伝子と考えられる。ｃ－ｓｒｃの異常は、ヒトの多くのがんでも見つかっている。このような突然変異はウイルスによっても起こるが、ヒトのがんでは化学物質などによって起こるがん原遺伝子の変異のほうが、はるかに多いと考えられている。ここでも、化学物質による毒性の発揮が、重要なキーワードとなっている。

がん原遺伝子は、一般に細胞増殖や細胞分裂を調節する遺伝子であり、現在では２００種類以上の存在が知られている。がん原遺伝子が活性化して、がん遺伝子に変化するプロセスには2種類ある。

一つは、突然変異による機能異常によって、ある種の化学反応が過剰に増強される場合であり、もう一つは、ＤＮＡの一部が過剰に増幅されることで、遺伝子の過剰発現を起こすものである。

前者の例として、ラット肉腫「rat sarcoma」を起こすv－rasがあり、c－Rasに似たタンパク質をコードする。c－Rasは哺乳類の細胞において、GTP（グアノシン三リン酸）と結合して活性化型になる。しかし、c－Rasは結合したGTPをGDP（グアノシン二リン酸）に分解する活性をもち、GDPに結合すると、不活化型に戻る。つまり、一定の時間後には不活化型になる性質をもつ。

ところが、アミノ酸の変異によってGTPを分解できなくなると、つねにGTPを結合した活性化型を維持するため、増殖が止まらなくなる。Rasの異常も、多くのヒトのがんで見つかっている。

第9章

中毒学から考えるアレルギー

外部から侵入した異物によって生体システムに障害が発生することを中毒とよぶなら、アレルギーもまた、その一形態である。本章では、私たちの体が備える解毒システムの最前線としての免疫機能と密接な関わりをもつアレルギーを点検する。

がんについては、患者数がはたして増えているのかどうか、はっきり断言できないのは前述のとおりである。しかし、子どものアレルギーが増えていることは、多くのデータが明確に示している。

アレルギーはなぜ、増えているのか。その原因として、植林の変化によるスギ花粉の増加、舗装路が増加したことでその花粉がいつまでも空気中を漂う状態、車の排ガス等による大気汚染などの環境変化、寄生虫の減少や徹底した防菌・防カビなどの衛生状態の改善、栄養状態の改善による免疫機能の過剰な亢進、ストレスの増加、早すぎる離乳……など、さまざまな要因が検討されているが、現時点では、まだはっきりしたことは何もわかっていない。

食物に対する過敏症の中には、免疫系の過剰反応として現れるアレルギーと、非免疫反応によって起こるものとがある。後者の一つに、乳糖不耐症がある。冷たい牛乳を一気に飲むと下痢を起こす日本人がいるが、これは乳糖を分解できないためである。サバを食べてじんましんが出る人がいるのも、サバに含まれるヒスチジンというアミノ酸が微生物によって分解され、ヒスタミンが蓄積していることから起こるもので、アレルギーではない。

アレルギーのことを知るためには、免疫について知らなければならない。アレルギーを理解するために必要不可欠な免疫の知識を、次項で簡単に説明しておこう。

免疫――生命が誇る解毒システム

免疫とは、ある伝染病にいったんかかって回復すると、二度とその病気にはかからない、すなわち、疫（病気）を免れる、ということから生まれた言葉である。

生命科学的には、体内に存在するさまざまな分子について（その多くはタンパク質である）、それぞれが自己であるか非自己であるかを見分ける能力を指している。バクテリアやカビなどは、ヒトとはかけ離れた生物種であるからこれらを非自己であると見分けるのは簡単そうに見える。実際に彼らは、私たちヒトの体内には存在しない特徴的なタンパク質をもっている。

ウシの血液は、いくら大量にあってもヒトの輸血には使えないが、これも両者が別種の生物だからである。より正確にいえば、免疫作用によって両者は、自己／非自己が明確に区分されている。生物種として、きわめて近い位置にいるヒトとチンパンジーは、ヘモグロビンをはじめ、約2万種類の同種のタンパク質をもっているが、それでも、すべてのタンパク質に関して、アミノ酸の配列が1ヵ所以上異なっている。アミノ酸配列が1ヵ所でも違っていれば、タンパク質は非自己、すなわち、「抗原」と認識される。

もっといえば、同じヒトという種であっても、一卵性双生児を除けば、あらゆるヒトの間で互いに非自己であると認識でき、実際に、たとえば皮膚を移植すると、即座に拒絶反応が起こる。臓器移植が困難なのも、免疫によるこの、自己／非自己を見分ける能力のためである。すなわち、ヒトを構成する各細胞一つひとつが、そのヒトに特有の印（分子）をもっている。

その印とは、たとえばA、B、O型の血液でいえば、糖鎖の末端に連なる糖1個の違いといった程度のものである。先ほど言及した、タンパク質のアミノ酸配列の差も、そのような印の一つである。そして、たとえ自分自身の細胞であっても、がん化したりウイルスに感染したりしたものは、即座に殺傷できるシステムを備えている。

免疫は、多種類の細胞がサイトカイン（細胞間の情報伝達を媒介するホルモン様のタンパク質）を出し合って、相互に調節機構がはたらいている複雑なネットワークであり、本書ですべて説明できるレベルのものではない。白血球細胞から出されるサイトカインをインターロイキン（ＩＬ：interleukin）というが、２０１６年段階で30を超えるＩＬが発見されている。

自然免疫

免疫には、自然免疫と獲得免疫の2種類がある。

このうち自然免疫は、マクロファージや樹状細胞などの免疫細胞が担当する。これらの細胞は、バクテリアがもつタンパク質やリポ多糖、ペプチドグリカン、ウイルス等のDNAやRNAなどの分子パターンを認識する受容体タンパク質を細胞膜や細胞内にもっている。両者が結合すると情報を核に伝えて、免疫や炎症に関する遺伝子を発現させる。マクロファージや好中球は、バクテリアを貪食する一方、活性酸素などを使って相手を殺す能力も備えている。

マクロファージは、ヒトデや昆虫などにも存在する。どのような動物であっても、非自己が侵入するのは厄介なので、このような免疫系をもっている。また、がん細胞やウイルスに感染した細胞を殺すナチュラルキラー（NK）細胞も、自然免疫に分類される。

獲得免疫の主役——T細胞とB細胞

脊椎動物は、自然免疫に加えて獲得免疫系をもつ。

ヒトでは、自然免疫系のマクロファージや樹状細胞が体内に侵入した微生物を貪食して分解すると、その細胞膜表面に微生物のタンパク質の断片（ペプチド）を主要組織適合遺伝子複合体（MHC）というタンパク質と複合体をつくって提示する。ヒトのMHCをヒト白血球型抗原（HLA）といい、クラスⅠ分子とクラスⅡ分子の二群に大別される。

マクロファージや樹状細胞は、クラスⅡ分子に微生物のペプチドと複合体をつくって提示するが、これを抗原提示という。提示された情報は、T細胞受容体という細胞膜上にあるタンパク質を通じてヘルパーT細胞というリンパ球に伝えられる。ヘルパーT細胞は、放出するサイトカインの種類によって、Th1、Th2、Th17、Treg（抑制性）などの種類がある。

T細胞のTは、胸腺（Thymus）のTで、胸腺は心臓の前部にある。T細胞は骨髄でつくられた後、胸腺で選別される。胸腺が提示する自己のHLAクラスⅡ分子と適度な相互作用をするT細胞受容体をもつものだけが生き残るが、その生存率はわずか10％である。実に90％ものT細胞が自己のタンパク質に強い相互作用をもつことから、自身を攻撃する可能性のある〝不適格〟の烙印（らくいん）を押されて、アポトーシスによって死んでいく。

細胞表面にCD4というタンパク質をもつT細胞が、ヘルパーT細胞になる。抗原の刺激を受けていないT細胞をナイーブT細胞という。ナイーブT細胞は、抗原提示細胞が出すIL－12によって刺激されるとTh1細胞になり、IL－4で刺激されるとTh2細胞になる。そして、IL－6とTGF－β（トランスフォーミング成長因子－β）で刺激されるとTh17細胞になる。

抗原提示細胞から情報を受け取ったヘルパーT細胞は、提示されたペプチドを含む抗原に結合する能力のある抗体というタンパク質を合成できるB細胞を活性化して、形質細胞（抗体産生細胞）に分化させる。形質細胞は抗体を大量に合成し、血液中に放出する。

一つのB細胞は、1種類の抗体しかつくれない。抗体の模式図を図9－1に示すが、Y字形をしている。Yの先が可変部とよばれ、抗体ごとに異なるアミノ酸配列をもち、ここで特定の抗原

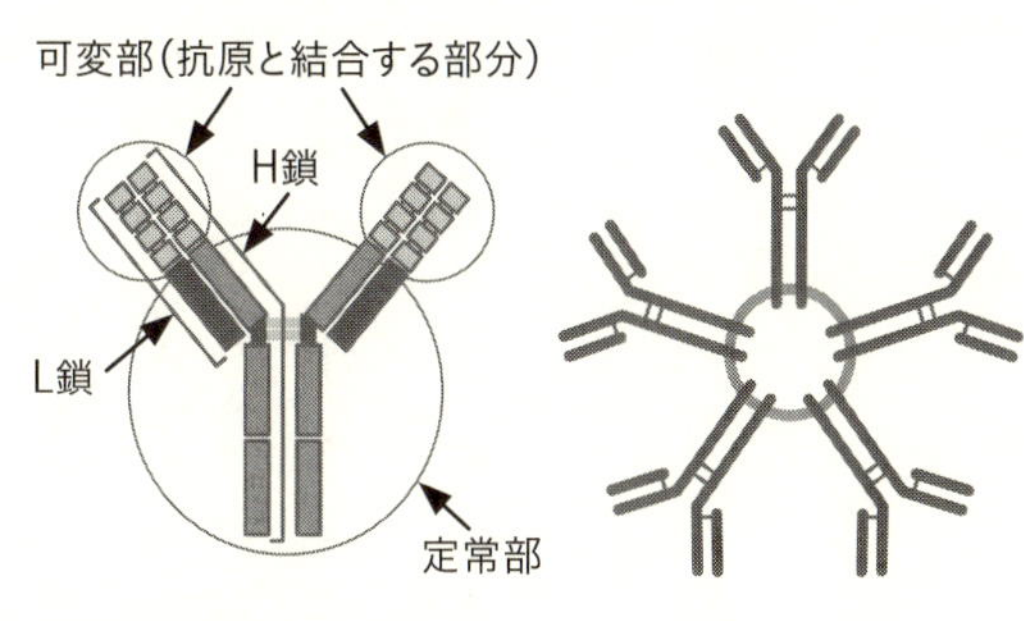

図9-1 抗体の構造(IgGとIgM)

と結合する。定常部は、同じクラス(種類)の抗体であれば共通である。

抗原を認識する抗体の可変部のアミノ酸配列はすべて違っていて、特定のアミノ酸配列に結合できるようになっている。抗体が結合する抗原の場所をエピトープとよぶが、これは種の異なる生物のタンパク質に存在し、自身の体内には存在しない数個から10個程度のアミノ酸配列のことである。

抗体にもいくつかの種類があるが、時間的にはまず、IgMという免疫グロブリン(Immunoglobulin)がつくられる。抗体のクラスは、Igの後にアルファベットをつけて区別する。IgGやIgEは、図9-1の左に示すような構造をしているが、IgMは右側に示すように、IgGが五つ組み合わされて、あたかも忍者が使う手裏剣のような形をしている。

IgMがつくられた後にクラススイッチという現象を起こし、IgGやIgA、IgEなど、別のクラスの抗体を産生していく。これらの各プロセスは、抗原提示細胞やT細胞などから出される多くのサイトカインによって調節されている。

何億種類もの異物にどう対応するのか

世の中にはさまざまな微生物が棲息しており、微生物全体では何億種類ものタンパク質が存在する。その中で、私たちヒトの体内に存在しないアミノ酸配列というのも、それと同程度以上存在すると考えられ、T細胞の多様性も抗体の多様性——すなわち、B細胞の多様性——も何億種類か存在する。

抗体は抗原に強く結合するが、その結果生成する抗原 - 抗体複合体は、補体という血液中のタンパク質が結合してバクテリアの細胞膜に穴をあけたり、マクロファージが貪食したりするための印の役割を果たす。抗体を主力とする免疫を体液性免疫という。

Th1細胞は、インターフェロン - γ（IFN - γ）を分泌し、マクロファージを活性化して微生物を破壊する能力を増強させるとともに、B細胞にIgG抗体の産生を促進させる。また、リンホトキシン（LT）や腫瘍壊死因子α（TNF - α）を放出して好中球を活性化し、炎症を誘導する。Th1が放出するIL - 2は、Th1自身が受容体をもっており、自らを活性化するオートクリン機構によって活性化する。

Th2細胞は、IL - 4を分泌してB細胞を活性化し、IgEを産生させるとともにオートクリン機構でTh2自身を活性化する。またIL－5を分泌して好酸球を活性化し、寄生虫を攻撃する。Th1とTh2は互いに拮抗関係にあり、Th2のほうにバランスが傾くと、IgEの産生が多くなってアレルギーが起こると考えられている。

オートクリン機構とは、自身が出すサイトカインの受容体を自らもつことで、免疫反応がどんどん増幅していく自己刺激型のメカニズムである。自らが出す因子で自身が増殖するため、短時間で病原体に対抗するうえでは非常に有利だが、病気が治った後に免疫反応が持続するのは不経済である。抑制するシステムがしっかり機能しないと危険な状態に陥る可能性があることから、Tregなどが関与する抑制系も備わっている。

B細胞やT細胞は、いったん感染症が治まると、そのほとんどがアポトーシスを起こして死んでいく。しかし、一部は記憶細胞として生存しつづけ、次に同じ病原体が侵入してきた際には迅速に活性化する。二次免疫反応とよばれるもので、これを利用しているのがワクチンである。死んだ菌などを摂取してバクテリアやウイルスのタンパク質を記憶させ、本物の病原体がやってきたときには大きな二次免疫反応が起こって、迅速にIgGを産生させる戦略である。中毒学の観点からは、いわばバーチャルな解毒作用といえるだろう。

体液性免疫とは別に、ナチュラルキラー（NK）細胞や細胞傷害性T細胞がウイルスなどに感染した細胞を殺す免疫を、細胞性免疫という。HLAのクラスI分子は、ほぼすべての細胞に存在し、細胞内で産生されるペプチド（ウイルスやがん由来のタンパク質の断片）と複合体をつくって、ＣＤ８というタンパク質をもつＴ細胞に提示する。

このペプチドを認識できるＴ細胞が細胞傷害性Ｔ細胞（キラーＴ細胞）になり、提示した細胞にパーフォリンというタンパク質を放出して細胞に穴をあけて殺したり、グランザイムという酵素を放出してアポトーシスを起こさせたりする。

なお、ＣＤは分化クラスターを意味する英語（cluster of differentiation）の略称で、主にヒトの白血球細胞の表面に存在するタンパク質を分類したものである。１９８２年から開催されているヒト白血球分化抗原ワークショップで決められており、２０１４年時点で、ＣＤ１からＣＤ３７１までが登録されている。

食物アレルギーはどう生じるのか

アレルギーには４種類あるが、食物アレルギーはⅠ型（即時型）がほとんどである。食物アレルギーを起こす原因物質であるアレルゲンは、タンパク質である場合がほとんどだが、口から入った後に、腸管上皮から体内に侵入して抗原提示細胞に取り込まれ、分解されたのちに抗原提示される。近くにいるＴ細胞の中でTh２細胞が活性化されると、Ｂ細胞を活性化してIgE抗体を産生させる。

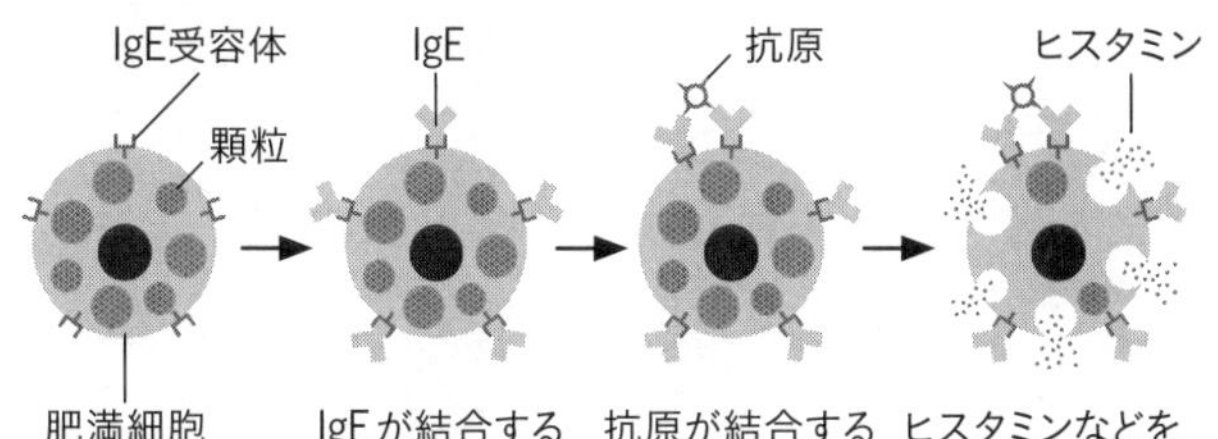

図9-2　アレルギーが発症するしくみ

図9－2に示すように、血液中に放出されたIgEは、末梢に存在する肥満細胞の表面にあるIgE受容体タンパク質と結合する。肥満細胞は全身に分布しているが、アレルギーの症状からもわかるように、外界と接触する肺や消化管の粘膜表皮、皮膚の真皮層などに多い。ここにアレルゲンがやってくると、肥満細胞のIgEと結合して、細胞表面上のIgEは会合する（集まる）。それが引き金となって、肥満細胞内の顆粒（かりゅう）が外部に放出される。この顆粒には、ヒスタミンやセロトニン、ロイコトリエンなどの炎症性物質が含まれており、これらが放出されることになる。

これら炎症性物質の刺激によって血管が拡張し、同時に血管の透過性が亢進して、浮腫や掻痒（そうよう）感などの症状が現れる。この反応は、抗原が体内に侵入してすぐに生じるので、即時型過敏症ともよばれ、アレルギー性鼻炎や気管支喘息、じんましんなどを起こす。さらに、血管の透過性が過度に高まることによって、気道の狭窄（きょうさく）や急速な血圧低下が起こり、ショック状態になることをアナフィラキシーショックとよぶ。アナフィラキシーショックが起こると、アドレナリンの皮下注射をして、血圧を上昇させるなどの対策を講じる必要がある。

アナフィラキシーショックの経験者は、「エピペン」というアドレナリン自己注射キットをもっている場合がある。エピペンを注射するのは医師である必要はなく、まわりの人が臨機応変に使用することが必要である。エピペンに付属している説明書を見ればわかるように、緊急の場合には衣類の上から太ももの前外側に注射すればよい。ＡＥＤ（自動体外式除細動器）とともに、一般市民が人命を救える重要な事柄事例の一つである。そのような場面に出会ったら、躊躇（ちゅうちょ）なく行うべきである。

腸管免疫——解毒システムの最前線

食品はもともと他の生物なので、すべて異物である。加えて、私たちの腸の中には、１００兆個もの腸内細菌が存在している。腸は、アレルゲンだらけの環境にある。

腸は、これらの異物に過剰に反応することなく、有用な腸内細菌とは共存しつつ、病原体に対しては適切に排除する役割を担っている。いわば腸は、私たちの体を侵入者から守る免疫反応の最前線であり、実際、ヒトのリンパ球の約６割は消化管に存在する。

消化管では、IgAという外分泌液中の主要な抗体を分泌することで微生物のコントロールをするとともに、アレルゲンと結合して粘膜から体内に侵入するのを阻止している。このIgAの合成が腸内細菌によって誘導されるという協働関係も見られる。

IgAは母乳（特に初乳）にも含まれ、乳児の上気道や消化管粘膜に分布して、誕生間もない時期に感染症に襲われることのないよう守っている。一方、胎盤を通過することができる母親のIgGは、胎児の血液中に入り、こちらも生後数ヵ月にわたって乳児を感染から防御する。

食品成分に対しては、過剰に反応しない経口免疫寛容というしくみが備わっている。必要な栄養素を毒性をもつ異物ときっちり見分け、取り込むべきものは確実に取り込むための巧妙なしくみである。どの食品も、初めて食べるときには〝異物〟であるに違いない。それを排除しない経口免疫寛容というふしぎなしくみは、どのように実現されているのか。

経口抗原に対しては、それを認識するT細胞が活性を失っているとか、免疫応答を抑制するTreg細胞が経口抗原によって誘導される、などといったメカニズムが考えられている。各種のアレルゲンにも、免疫寛容を導入する試みが行われている。

アレルゲンの6割は卵、牛乳、小麦

人体に入ってくるアレルゲンの約60％は、鶏卵、牛乳、小麦の三つで占められている。その他、果物、大豆、魚類、甲殻類、魚卵、ソバ、ピーナッツ、木の実などがあるが、年齢によっても変化し、大人では、小麦、果物、魚類、甲殻類などが多い。

これらアレルゲンによるアレルギーの誘発を回避するため、2014(平成26)年の段階で消費者庁は、特定原材料7品目(卵〈鶏卵だけではなく、アヒルやウズラも含む〉、乳、小麦、エビ、カニ、落花生、ソバ)の表示を義務づけ、その他20品目も特定原材料に準ずるものとして表示するよう推奨している。

その20品目とは、魚介類(アワビ、イカ、イクラ、サケ、サバ)、肉類(牛肉、鶏肉、豚肉、ゼラチン)、果実類(オレンジ、キウイフルーツ、モモ、リンゴ、バナナ)、その他(クルミ、大豆、マツタケ、ヤマイモ、ゴマ、カシューナッツ)である。あまり注目されることのない食品表示だが、実は法令などによって細かい規則が定められている。どのような対象にどのような配慮がされているのか、ぜひ一度、じっくり見てみるのも悪くないだろう。

食品だけでなく、食品中のどのタンパク質がアレルギーを引き起こすのかもわかってきている。たとえば、鶏卵ではオボアルブミンやオボムコイド、リゾチームなどであり、牛乳ではαs1-カゼインやβ-ラクトアルブミンである。アレルギーを起こす能力と化学的構造との関係は、個人間の体質差などもあることからまだよくわかっていないが、一般に、ヒトから見て異物性が高く、消化されにくいものがアレルゲンになるようである。

アレルギーをどう封じるか

アレルギーの治療として、食事療法、薬物療法、免疫療法の三つがある。

食事療法は、アレルゲンをあらかじめ取り除いた除去食が基本になるが、栄養のバランスが崩れることが懸念される。低アレルゲン食の開発例としては、アレルゲンタンパク質を酵素処理で分解した牛乳や米がある。また、アレルゲンを欠失させたり、低減化したりした米、大豆、小麦が開発されている。

残念ながら、現時点で食物アレルギーを治療できる薬は存在しない。軽度で発症する部位が限られたじんましんの場合には、抗ヒスタミン剤が使われる。アナフィラキシーを発症した場合は、前述のとおりエピペンが使われる。アレルゲンを皮下に注射したり、少量を口から投与したりするような免疫療法に効果があるとする報告もあるが、いまだ研究段階であり、医師の監督下でなければかえって症状を誘発する可能性もあり、危険である。将来の研究に期待したい。

乳酸菌やビフィズス菌のようなプロバイオティクスや、それらの栄養分になるオリゴ糖や食物繊維などのプレバイオティクスの摂取は、腸内細菌叢(そう)（フローラ）を改善して整腸作用を示す他、腸管でのIgAを誘導することで感染を防止するなどの抗アレルギー作用をもつともいわれている。しかし、これについても、ヒトにおける確実なエビデンス（科学的根拠）を積み上げるのは今後の課題である。

皮膚を経由して起こる食物アレルギー

食物アレルギーは、腸において免疫寛容を実現するメカニズムに異常が発生することによって起こると考えられてきたが、ハウスダストや母乳などの中に含まれる食物抗原が、湿疹のある乳児の皮膚から侵入し、感作(かんさ)される場合があることがわかってきた。

皮膚の炎症が起こると、自然免疫系細胞からTh2を誘導するサイトカインが産生され、それによってIgEが産生されるという機構である。湿疹の治療の重要性を示している。

最近、加水分解小麦を含む石鹸(せっけん)によって小麦アレルギーが発症することが問題になったが、皮膚を経由してのアレルギーの重要性についても、今後詳しく解明されていくと期待される。

コラム7　食細胞の発見者・メチニコフ

1882年、メチニコフ(1845〜1916)は大学を辞職する羽目になったショックをいやすべく、地中海のシシリー島で研究にいそしんでいた。家族がサーカス見物に出かけた際に、一人でヒトデの幼生の遊走細胞を顕微鏡で見ていたところ、ふと思いついてバラのトゲを幼生の皮下に差し込んだ。

　翌朝、多数の遊走細胞がトゲのまわりに集まっていた。これが食細胞発見の物語である。メチニコフは、「それ以前の私は動物学者だったが、この瞬間から突如、病理学者になった」と述べたという。現代のせわしない実験に比べ、なんと優雅な実験であることだろう。

　この逸話は、『メチニコフ炎症論』（飯島宗一・角田力弥訳、文光堂、1976年）の中で、訳者の飯島氏が紹介している。原書が書かれた1892年当時は、酵素がタンパク質であることすらわかっておらず、生化学の黎明期さえ訪れていない。炎症に関しても多くの説が唱えられている時代であったが、好中球などが生きた微生物を貪食して殺すこととともに、「典型的な炎症の本質的かつ一時的な要素は有害因子に対する食細胞の反応だ――」という正しい指摘がなされている。

　バラのトゲの話は、メチニコフ著『近代医学の建設者』（宮村定男訳、岩波文庫、1968年）の解説にも同様の記載がある。メチニコフは1908年、エールリッヒとともに免疫に関する研究によってノーベル生理学・医学賞を受賞している。

第10章

毒を封じる社会制度

――食の安全を確保するために

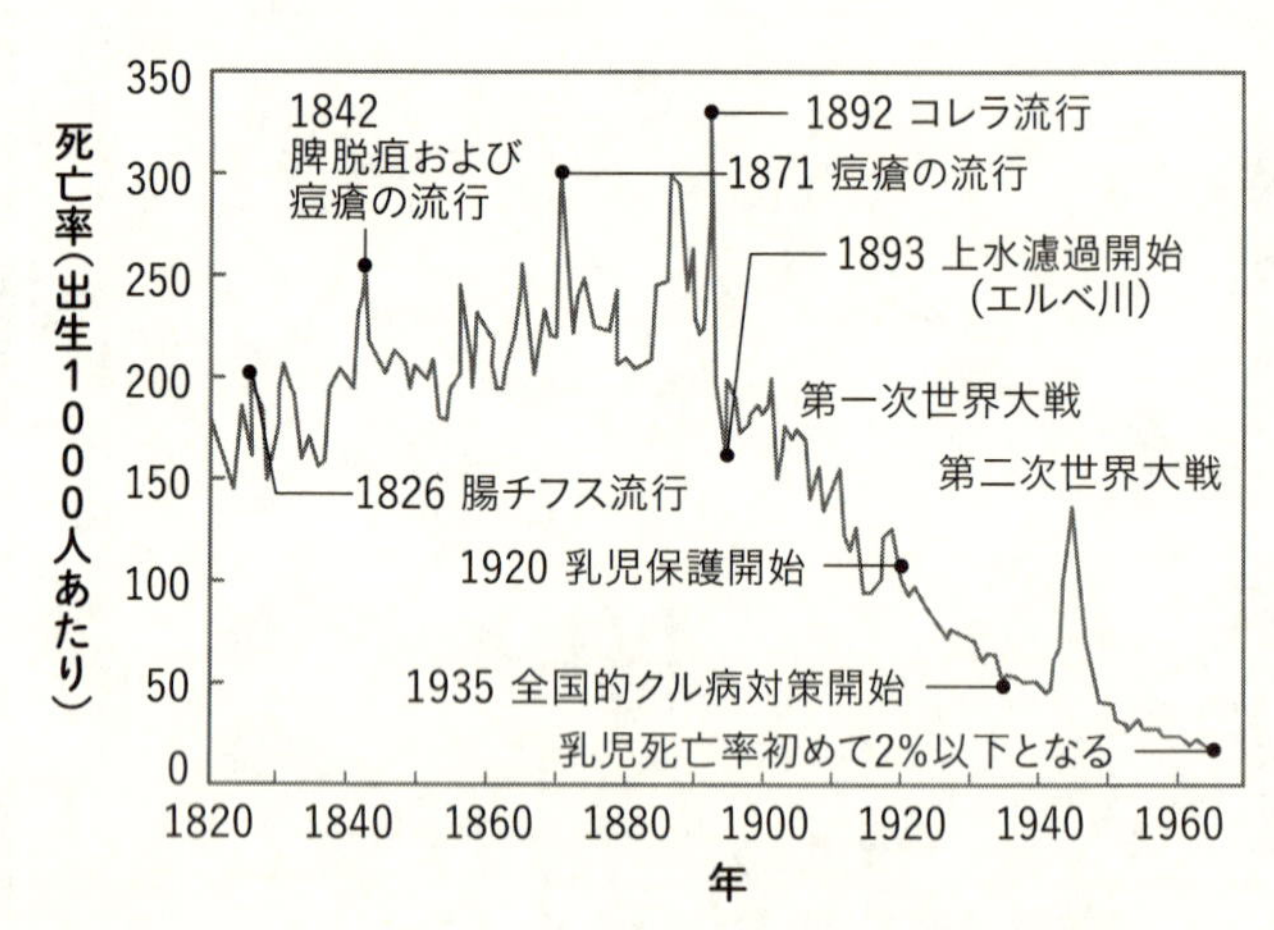

図10-1　1821〜1964年のドイツ・ハンブルクにおける乳児死亡率
(Seelemann, 1966)

食の安全を守っていくには、そのための社会制度が必要不可欠である。

一つの統計を見てみよう。図10−1には、ドイツ・ハンブルクにおける乳児死亡率が示してある。

１８２０〜１８３０年頃には、赤ちゃんが１０００人生まれると、20％にあたる２００人が亡くなっていた年もある。その後も、感染症の流行が起こるたびに死亡率は上昇している。一方、１８９０年代に上水の濾過が開始されたことによって、死亡率は急降下し始めたことも見てとれる。

乳児の保護やクル病への対策などの制度の導入によって、さらに死亡率が低下するが、こんどは第二次世界大戦によって急激に死亡率が上昇している。戦争のしわ寄せが、大人だけでなく乳児のような弱者にも押し寄せることが明確に表れている。きわめて単純な統計ではあるが、そこには確実に時代ごとの背景が映し出されている。

乳児死亡率の増減に感染症が大きな影響を及ぼすことは、この図からも明らかである。食中毒の患者数という点では、現在でも感染症がトップを占め、厚労省の統計によれば、日本では毎年2万～3万人程度の患者が出ている。ただし、この数字は医療機関からの届け出があるものに限られているので、実際にはその何倍もの患者が出ていることは容易に推測できる。

一方、感染症による死者は、ボツリヌス菌や病原性大腸菌O157、院内感染を起こす薬剤耐性菌を除けば、それほど多くはない。現代の日本では幸いにも、感染症は一過性で完治できる状態にある。化学物質による発がん性や遺伝毒性のように、長い時間をかけて慢性的に現れる重篤な健康障害とは事情が大きく異なる点である。

感染症が流行を起こすには三つの要素がある。①感染源（要因）、②感染経路（環境）、③宿主の感受性（宿主）、である。これらの各要素に十分な対策を施せば、大流行することはない。患者を隔離したり、感染源をなくしたり、栄養状態を良くしたり、ワクチンなどで宿主の感受性を低下させるなどの社会的基盤の整備が重要であることがわかる。流行性の感染症に対しては患者を強制的に隔離する法律が準備されており、上水を普及させることで全国民が微生物や異物の混入していない清潔な水を安価に得られるというような制度・基盤が必要である。

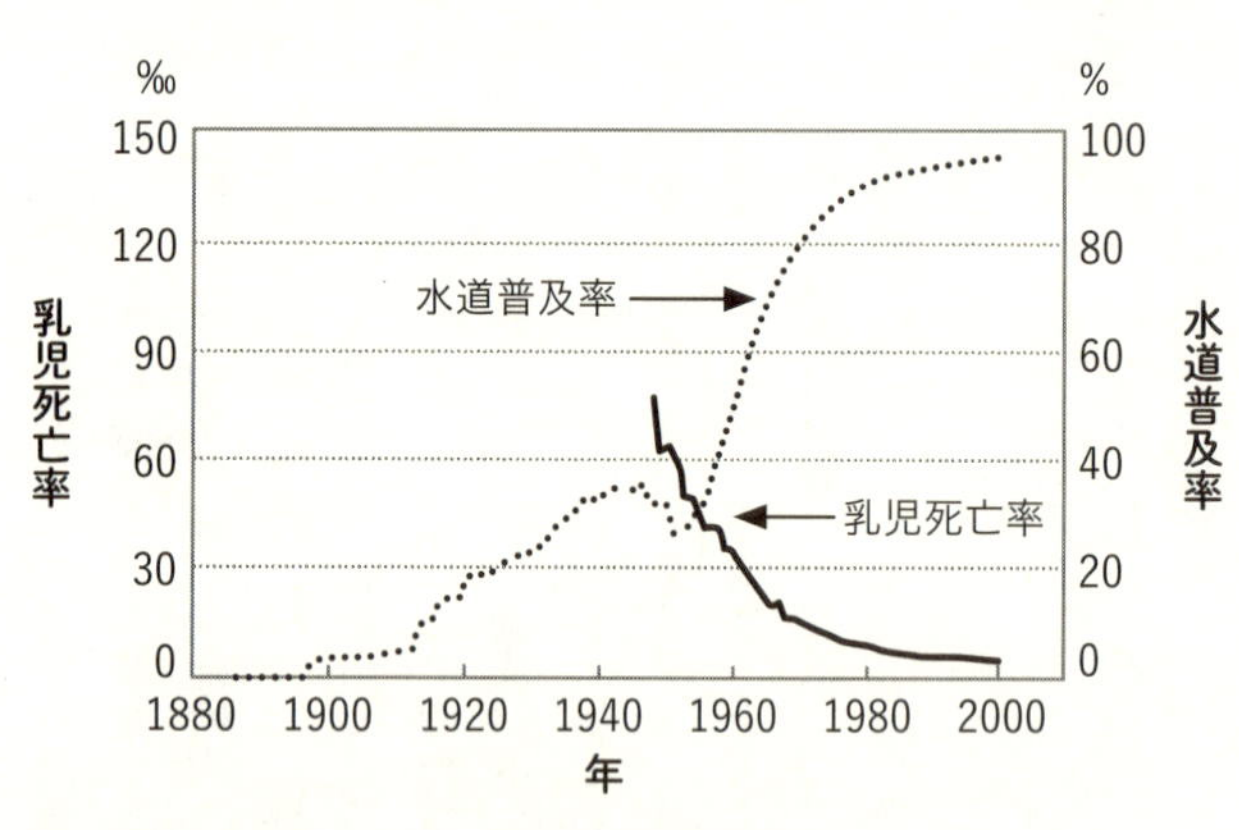

図10-2　水道の普及率と乳児死亡率の関係（厚生労働省健康局水道課調べ）

図10－2は、日本における乳児死亡率と水道普及率の関係を示したものである。一方が増えるにつれてもう一方が減るという、両者がちょうど鏡像関係を示していることから、水道の普及に応じて見事に乳児の死亡率が低下していることがよくわかる。なお、乳児死亡率の単位は1000分率（パーミル）である。

このように、水系伝染病を劇的に減少させた功労者である水道だが、ここでは中毒の観点から一つの問題を取り上げる。現代におけるリスク管理の発想法を考えるうえでも興味深い話題である。

トリハロメタンの毒性をどう考えるか
——社会的許容量という発想

食の安全に関する問題の中には、社会制度が重要なカギを握るものが多い。現代社会においては、法律というかたちで制度化されるので、国会における議論がすべてを決定する。

一つの例として、水道の塩素殺菌を取り上げよう。水道法施行規則によって、水道水には１Ｌあたり塩素が０・１㎎、つまり０・１ｐｐｍ含まれていなければならない。各家庭の蛇口から出てくる水道水にこれだけの塩素が含まれていれば、微生物は存在できないからである。水道水の普及によって経口伝染病が大幅に減少したことは、先に述べたとおりである。塩素は安価なので、「微生物が含まれない水」が社会全体として安く利用できることも重要である。

しかし、塩素と有機物との反応によってトリハロメタンとよばれる分子が生成する。前述のとおり、トリは3を意味するので、メタン（CH_4）の四つの水素のうち三つが、ハロゲンによって置換した分子である。ハロゲンとは、フッ素、塩素、臭素（Br）、ヨウ素（Ｉ）のことであり、トリハロメタンには、クロロホルム（$CHCl_3$）やブロモジクロロメタン（$CHBrCl_2$）などがある。がんのところで述べたように、クロロホルムなどは発がん性をもつ毒性の異物である。

水質基準に関する厚生労働省令によって２０１５年5月現在、トリハロメタンは水道水１Ｌあたり０・１㎎以下、クロロホルムは０・０６㎎以下と規定されている。ＷＨＯでは、生涯にわたる発がんリスクの増加分を10万分の１（10^{-5}）としている。つまり、体重60kgの人が一日２Ｌの水道水を一生飲みつづけたとき、10万人に１人の確率で発がんするということである。２０１１年、ＷＨＯはクロロホルムの規制値を０・３㎎／Ｌとしているので、日本の基準はこれよりはる

	死亡数	死亡率	生涯リスク
交通事故	10649	8.5×10^{-5}	6.0×10^{-3}
(歩行者)	2886	2.3×10^{-5}	1.6×10^{-3}
水難	1360	1.5×10^{-5}	7.0×10^{-4}
火災	1041	8.4×10^{-6}	5.9×10^{-4}
自然災害	59	4.8×10^{-7}	3.4×10^{-5}
落雷	4	3.2×10^{-8}	2.2×10^{-6}

表10-3　日本人の事故等による生涯リスク(大前和幸「許容濃度とユニットリスク」1994年より: http://jsoh-ohe.umin.jp/2003kenshu/030523oomae.pdf)

かに厳しいものとなっている。

もし発がん物質に閾値がなく、発がんリスクが摂取量に単純に比例すると仮定すれば、日本の水道水のクロロホルムによる発がんは、10万人あたり0・2人ということになる。放射線のところでも述べたが、2015年の日本人の悪性新生物による死亡率は、10万人あたり295・2である。クロロホルムによる10万人あたり0・2人という数値を、どのように評価すべきだろうか?

ある事象に対するリスクを評価するためには、他のさまざまなリスクとの比較が有用である。表10-3に、日本人が生涯を通じて遭遇する可能性のある事故等のリスクの一例を示す。

たとえば交通事故は、1000分の6と非常に高い。しかし、だからといって車を禁止しろという人はほとんどいないだろう。その他、水難は1万分の7、火災は1万分の5・9、自然災害が10万分の3・4、落雷が100万分の

2・2となっている。このようなリスクとの比較から、水道水に起因する生涯で10万分の1程度の発がん率は、社会全体として許容しようというのが、WHOの考えである。もちろん、水道水が伝染病を予防するベネフィットと比較しての話である。

世の中には、実にさまざまなリスクが存在する。それら各リスクを、社会としてどのように制御していくのかについて、クロロホルムの例に見られるような議論を通じて、コンセンサスにたどり着く努力が必要な時代である。繰り返し述べてきたとおり、環境中に存在するものに対して、ゼロリスクということはあり得ない。「完璧な環境」などというものは夢想にすぎないのだから、安全性の科学的評価に基づいて、現実に見合った制度を定量的に考えることが重要である。

塩素殺菌は、水系伝染病予防における有効性や価格の面から、社会全体に受け入れられている。トリハロメタンを除いたり、他の方法で殺菌したりすると、現在の水道料金では供給できない。単純に考えても、ペットボトルで販売されている飲料水で毎日お風呂を沸かしたのでは、莫大な出費になることはすぐにわかる。これが、現在の日本社会で受け入れられているリスク－ベネフィット評価の結果としての水道事業である。

なお、2015年4月時点で水道水質基準に記載される有害物は、一般細菌、カドミウムおよびその化合物、水銀およびその化合物、セレンおよびその化合物、鉛およびその化合物、ヒ素およびその化合物、6価クロム化合物、シアン化物イオンおよび塩化シアン、フッ素およびその化合物、四塩化炭素、1,4-ジオキサン、ジクロロメタン、テトラクロロエチレン、トリクロロエチレン、ベンゼン、クロロ酢酸、亜硝酸態窒素など多種類にわたる。

多様な化合物や細菌が環境中に存在し、しかも、水道水中のこれらの物質の測定も日常的に行われているという事実を付言しておく。

ダイオキシンの強力な毒性を封じ込める

かつて、ゴミ焼却場で排出されることが問題となったTCDD(2,3,7,8-テトラクロロジベンゾジオキシン)は、188ページ図8-5(6)に示した構造をしている。TCDDは、発がん性や生殖組織への毒性など、強い毒性をもつ物質である。TCDDだけでなく、これと似た構造をもち、同様の毒性を示す分子を総称して、ダイオキシンとよぶ。

PCDF(ポリ塩化ジベンゾフラン)や、PCBの中でもコプラナーPCBといわれるような物質が、TCDDと同様の毒性をもつことがわかっている。

これらの物質の環境中の濃度をどの程度まで低下させるべきかについて、WHOをはじめとする世界の各機関がさまざまな研究を行っている。ダイオキシンのように、食品に入ることが予期されていない物質の場合には、許容一日摂取量(ADI)という言葉は使わず、耐容一日摂取量

（ＴＤＩ）を用いる（63ページ参照）。

ＴＤＩを求める場合にも、動物実験を行ってまず最大無作用量（ＮＯＡＥＬ）を決定し、安全係数の１００で割る方法を用いる。ＴＣＤＤは直接、遺伝子を変化させるわけではなく、プロモーターとしての作用をもつと考えられているので、最大無作用量が存在する。

２年間にわたるラットを用いた実験で、最大無作用量が１ng／kg／日（ng：10億分の１g）と決定されたことを受け、ＷＨＯは１９９０年、ダイオキシンのＴＤＩとして、10pg／kg／日（pg：1兆分の１g）を提案した。

日本の環境庁（当時）は、同じくラットによる3世代生殖試験の結果も加味して、１９９６年に同様の提案をし、１９９７年には、ヒトの健康をより積極的に維持する目的から、５pg／kg／日と、ＷＨＯによる数値をさらに半減した値を提起した。以降、年を経るとともに、その基準は厳しくなっている。

１９９８年にＷＨＯは、その後の研究成果を取り入れて、1～4pgＴＥＱ／kg／日を提案した。ここでいうＴＥＱは「ＴＣＤＤ等量」という意味で、ＰＣＤＦやコプラナーＰＣＢなどの類似の化学物質も加えた毒性を、ＴＣＤＤの毒性に換算したものである。

日本人のダイオキシン類への曝露量は、１９９７年度の調査では、主要工業国と同程度の２・６０pgＴＥＱ／kg／日であった。問題になる量ではないが、いずれ１pgＴＥＱ／kg／日になるよう努力すべきであるとＷＨＯは述べている。

厳密にコントロールされている農薬のリスク

農薬には、殺虫剤、殺菌剤、殺虫殺菌剤、除草剤、殺鼠剤（ノネズミなどを防除する薬剤）、植物成長調整剤（植物の成長を促進したり抑制したりする薬剤）、誘引剤（害虫を匂いなどで誘き寄せる薬剤）、展着剤（他の農薬と混合して用い、その農薬の付着性を高める薬剤）、天敵農薬（農作物に害を及ぼす害虫の天敵）、微生物農薬（微生物を用いて農作物に害を及ぼす害虫や病気を防除する剤）などがある。

農薬は、戦後間もない１９４８（昭和23）年に制定され、その後何度も改定されている農薬取締法や食品衛生法などにより、規格・製造・販売・使用法（量や収穫前に使用しない日数など）が細かく定められている。使用時に環境中に散布されることから、各種の動物に対する毒性試験も行われている。

ヒトに対するＡＤＩも求められており、厚生労働省の国民健康・栄養調査から日本人の摂取量を算出して、作物ごとにその農薬の濃度（基準値）が決定されている。

２００５（平成17）年４月時点で、農薬取締法による国内で食用に用いられる農薬は約３５０、食品衛生法による残留農薬基準が設定されている農薬が２４６ある。２００６年には、ポジティブリスト制度が導入され、残留農薬基準が設定されていない農薬については0・01ppmが基準値とされた。これを超える生産物には、出荷停止や回収などの対応が求められる可能性がある。

農薬が野放図に使用されているのではないかという消費者の疑いがあるようだが、これらの決まりが守られているかぎり、農薬が原因で大きな健康被害が起こることは考えにくい。万一、非常に危険な農薬が用いられていれば、大きな曝露を受ける農業従事者の健康のほうが、先に問題になるはずである。

かつて大量に使用されたDDTのいま

DDTの構造を図10－4に示す。PCBと同様、炭素、水素、塩素からできている。

1948年にパウル・ヘルマン・ミュラーは、DDTの殺虫作用の発見によりノーベル生理学・医学賞を受けている。DDTは、マラリアを媒介する蚊や発疹チフスを媒介するシラミによく効く殺虫剤であった。シラミは、不潔な状況ではヒトの髪の毛に棲む。戦後すぐの記録映画に、米軍の兵士が大阪駅前で日本人の子どもの頭にDDTを大量にふりかけている場面が出てくる。大阪生まれの私には、子どもの頃に何度もこの場面を見させられ、そのたびに複雑な気持ちになった思い出がある。

当時、町内挙げての大掃除のときには、畳を上げてＤＤＴを撒くのが恒例行事であった。大変な量のＤＤＴが製造され、環境中にばらまかれたことが想像できる。のちに、その当時のＤＤＴが淀川から大阪湾に入り、太平洋に流れ出て、やがて南極のペンギンから検出されたと聞いても驚かないほどの大量散布であった。

ミュラーは１８９９年に生まれ、有機化学の第一黄金期にあたる染料の研究に従事した人物である。ＤＤＴの殺虫作用を発見したのは彼だが、合成に初めて成功したのは別の人物であり、まさに殺虫作用の発見が評価された。ＤＤＴはその後、ＰＯＰｓといわれるようになり、182ページ表８－４に示したように、ＩＡＲＣの発がん物質のグループ２Ｂに分類されている。

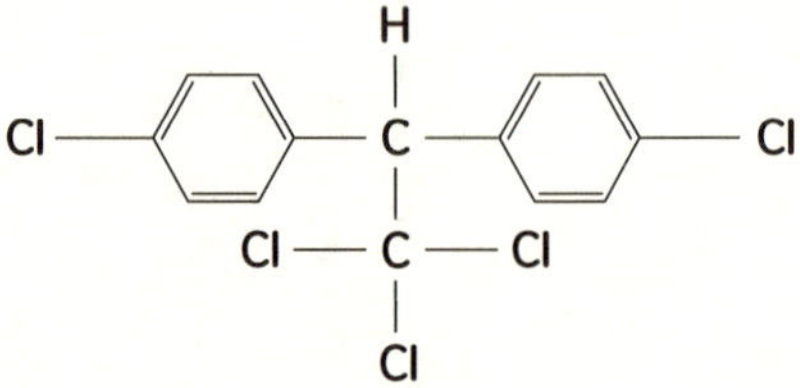

図10-4　DDTの構造

日本では、１９８１年に化審法で第一種特定化学物質に指定され、製造・輸入が原則禁止となった。わずか30年余りで、評価が大きく変わった分子である。１９６５年まで存命だったミュラーは晩年、どのような思いでＤＤＴの扱われ方を見ていたのだろうか。

ＤＤＴが世界的に使用禁止されたことを受け、南アフリカでは１９９７年から除虫菊に含まれる成分であるピレスロイドが代用されるようになったが、これに耐性をもつハマダラカが現れ、マラリアが流行するようになった。このような事情から、WHOは2006年、適当な代替物質が見つかるまで、屋内の壁や天井に散布することに限定して、マラリア流行地におけるDDTの使用を認めるとする発表を行った。代替物を見出すのは、いまだ難しいようである。

動物に使用される医薬品も無視できない

ヒトに直接入ってくる異物の毒性だけに注意を払っておけばいい、という牧歌的な時代はすでに遠く過ぎ去っている。私たちが曝される毒性物質には、動物を経由するものも含まれる。なかでも重要なのが、動物に使用される医薬品である。

動物用医薬品には、ヒトと同じように病気治療に用いる神経系用薬（麻酔剤や鎮静剤など）、循環器官・呼吸器官・泌尿器官系用薬（強心剤、利尿剤、鎮咳去痰（ちんがいきょたん）剤）、消化器官用薬（健胃消化剤、整腸剤、下剤など）、繁殖用薬（ホルモン製剤や乳房炎用剤など）、代謝性用薬（ホルモン製剤、ビタミン類、解毒剤、アレルギー用剤など）、外用剤（消炎剤、皮膚洗浄剤、皮膚保護剤など）、生物用製剤（ワクチンや血液製剤など）などがある。

これらに加え、病原微生物と内寄生虫用薬として、合成抗菌剤や抗生物質なども使われる。また、治療を目的とせず、飼料に添加する薬剤もある。これらの使用についても、法律や省令などで詳細な規定が設けられている。

私たちが口にする食料との関係で問題になるのは、前記のうち、抗生物質などである。特に、薬剤耐性という現象が厄介である。がん細胞では、特定の制がん剤が効かなくなることがあるが、これはがん細胞が、自ら膜輸送機構を改変して薬剤が入りにくい構造にしたり、細胞内に取り込まれた制がん剤を細胞外に排出するタンパク質を発現させるなど、制がん剤の効果を無力化する酵素を発現したりするためである。がん治療の難しさを象徴する現象の一つである。

これと類似の現象が、ずっと以前に微生物でも見つかっている。がん細胞と同様、染色体上の遺伝子が変異して薬剤の標的タンパク質の構造を変えたり、薬剤を排出するタンパク質を発現したりすることがある。

さらに微生物で重要なのは、たとえばペニシリンの場合のように、ペニシリンを分解するタンパク質をコードする遺伝子（プラスミドやトランスポゾンという）を外部から招き入れて、薬剤耐性を獲得することである。ペニシリンを分解する酵素の遺伝子が、どのような理由で都合よく存在しているのかは判明していないが、自然界において、遺伝子が水平に伝搬するという事実は重要である。

抗生物質は、感染症に対する最も有効な手段であったが、この薬剤耐性のために次々に新しい抗生物質を開発する必要に迫られた。現在では、多種類の抗生物質に耐性をもつ微生物も珍しくない。近年、医療機関においてメチシリン耐性黄色ブドウ球菌（MRSA）や多剤耐性緑膿菌（MDRP）などによる院内感染が発生し、抵抗力の弱い患者が多数死亡する事件が、世界中で大きな問題となっている。このような耐性菌の誕生に、食料生産が関わっている可能性がある。

ウシやニワトリ、ブタなどを飼育するとき、単位面積あたりあるいは飼料1kgあたりの収量を上げるためには、抗生物質を含む飼料を与えることが有効であるとされている。先に述べた、成長促進のために飼料に添加する抗生物質である。

1959（昭和34）年の厚生省告示第370号の食品、添加物等の規格基準によると、「食品は、抗生物質又は化学的合成品（化学的手段により元素又は化合物に分解反応以外の化学的反応を起こさせて得られた物質をいう）たる抗菌性物質及び放射性物質を含有してはならない」と規定されている。

動物医薬品や農薬については、そのすべてについて対象動物、残留基準、使用法、出荷前の使用禁止など使用時期について細かい規定が設けられている。たとえば、動物用医薬品の使用の規制に関する省令（昭和55年農林水産省令第42号）などである。

実際に、MRSA感染症の治療に使われていたバンコマイシンに耐性をもつ腸球菌がブタやウシ、ニワトリの糞便から見つかって問題になった。原因は、バンコマイシンに似たアボパルシンという抗生物質がウシに使われたことであり、これを受けてアボパルシンは使用禁止になった。

前述のとおり、2006（平成18）年にポジティブリスト制度が導入されて、農薬、飼料添加物、動物用医薬品はすべて、0・01ppmを超える食品の販売を禁止することになったが、これは大きな前進である。それとは別に、ヒトに対しても動物に対しても、抗生物質の使用に関して世界的に考え直す時期が来ている。一時は、風邪を引いただけでも抗生物質を投与するなど、乱用ともいえる実態があった。世界には、もっと乱用がひどい国もある。

ヒトや動物に投与された薬剤やその代謝物は、下水を通して環境中に広く分布していく。それらが微生物に及ぼす影響については、現時点では評価することが困難である。WHOをはじめとする国際機関も、この問題に注目している。

象徴的な出来事として、2016年5月に開催されたG7伊勢志摩サミットの首脳宣言において、エボラ出血熱などの感染症対策とともに、抗生物質のヒトおよび動物に対する適切な使用に関して、研究や規制に関する協力体制を強化していくこと、畜産における抗菌剤の成長促進目的での使用を段階的に廃止することが盛り込まれた。

今後のリスク評価と対策について、具体的にどのような行動がとられていくのか注目したい。

コラム8　超微量分析――化学物質はどこまで検出できる？

私が有機化学の研究を始めたのは1969年である。当時と現在を比較すると、種類にもよるが、分子の検出感度は総じて1000倍程度の上昇を実現している。もう30年もすれば、現在の分析機器の感度より、さらに1000倍程度の上昇が見込めるだろう。

たとえば「抗菌性物質を含有してはならない」という規定がなされるとき、それは「検出されてはならない」という意味である。分析機器の感度が上がれば、その規定も見直される可能性がある。身近な話題としては、オリンピックのドーピング検査などで、尿中に含まれる禁止薬物やその代謝物の検出感度が飛躍的に高くなっている事実がある。

ところで、化学分析によって、どの程度まで分子の個数を測定できるのだろうか？

1ピコモル（10^{-12}モル）を考えると、分子1モルは6×10^{23}個なので、$6\times10^{23}\times10^{-12}=6\times10^{11}$個、すなわち6000億個である。この程度あれば、ほぼすべての分子は測定可能である。分子量18の水だと18pg、約1兆分の20gである。おそらく30年後には、すべての分子をフェムト（10^{-15}）モルのレベルで測定できるようになっているだろう。

しかし、化学分析の検出感度は、分子100個でも測定できる放射性物質の検出には遠く及ばないレベルにある。生化学における多くの成果が、放射性物質を用いることで挙げられてきたのは、その高い分析感度のおかげである。放射線は、それ自身が高エネルギーをもつため、エネルギーを光に変えて測定することができる。真っ暗な中で光子（光の粒子）の数を数えるのが容易なことは、それこそ容易に想像できるだろう。

現在、化学分析で数えることができる最も少ない数の分子は、ＡＴＰである。闇夜で光るホタルは、ある酵素を使ってＡＴＰのエネルギーを光エネルギーに変換する能力をもっている。ルシフェラーゼとよばれるその酵素を使うと、ＡＴＰは１アトモル（10^{-18}モル）、すなわち、60万個あれば測定できるのだ。

ＡＴＰは、微生物からヒトにいたるまで、すべての生物を支えるエネルギーそのものである。この原理を使って、食品中に微生物が混入しているかどうかを調べる簡単な機器が市販されている。

では、放射線の測定以外で、地球上で最も感度の高い測定が行われているものはなんだろうか？

意外に思われるかもしれないが、昆虫の性フェロモンである。フェロモンは、揮発性の小さな有機化合物であり、風で運ばれる。たとえば、オスはメスが出す少量のフェロモンを触角にある受容体（タンパク質）で検知して、濃度の高いほうに近づいていく。そのフェロモンの量は、わずか数分子で十分といわれている。

メスとオスとで色も形もまったく異なる昆虫も存在するが、その種に特有のフェロモンの化学構造をタンパク質によって認識しているため、相手を見間違えることはない。彼らが備えるタンパク質の認識能力の高さを感じるエピソードである。

遺伝子組み換え食品をどう考えるか

生化学でＤＮＡの配列やその発現機構が活発に研究されるようになったのは、１９７０年代後半であり、クローンヒツジのドリー誕生が発表されたのが１９９７年のことである。驚くべき進歩であり、原理的にはヒトのクローン作製も可能となったが、ヒトへの応用研究については世界的にすぐさま禁止する措置が取られた。遺伝子の変異が多くの病気の原因であることもわかり、一時は米国で、ヒトに対する遺伝子治療も行われた。

遺伝子の人工的な組み換えが産業レベルで行われるようになったのは、１９８０年代における医薬品の生産からである。

たとえば、糖尿病の治療に必要なインスリンは、かつてはブタのインスリンが用いられていた。ブタのインスリンは、アミノ酸配列がヒトのものとは少し違うので、ヒトにとっては異物である。インスリンは小さいタンパク質なので、一般に抗体ができにくいとされるが、それでもつくられることがある。そのため、ヒト由来のインスリンをつくる必要があった。ヒトのインスリン遺伝子を取り出し、大腸菌に導入して大量培養すると、ヒトのインスリンが合成できる。同じ手法で多くのホルモンやサイトカイン、抗体などのバイオ医薬品が開発され、医療で大量に使われるようになった。

これと同じ技術が、食料の生産にも使われている。除草剤耐性の例を挙げると、1970年に米国のモンサント社は、植物の5-エノールピルビルシキミ酸-3-リン酸合成酵素（EPSPS）を阻害することで、植物を枯らせるグリホサート（商品名ラウンドアップ）という除草剤を開発した。この除草剤に抵抗性をもつEPSPSや、微生物がもつグリホサートを分解するタンパク質をコードする遺伝子を導入することにより、グリホサート耐性の大豆やトウモロコシが生まれた。

昆虫対策の例も見ておこう。「*Bacillus thuringiensis*」という土の中にいる細菌は、Btタンパク質をつくる。Btタンパク質は、チョウ目やコウチュウ目の昆虫が食べると、彼らの消化管にある受容体と結合して細胞が破壊され、やがて死にいたる。ヒトにはこの受容体が存在しないので、無害である。Btタンパク質の遺伝子を組み込んだジャガイモやトウモロコシなどが、世界で栽培されている。

遺伝子組み換え作物（GM作物）の利点は、農薬の使用量を減少できること、それによる河川の水質向上や表土の喪失の減少、労働コストの削減などが挙げられている。GM作物は増加の一途をたどっており、農水省の「国際的な食料需給の動向と我が国の食料供給への影響」によれば、2014年には世界28ヵ国で栽培され、その作付面積は1億8000万ヘクタールと、2000年と比べて4倍、10年前の2004年からは2・2倍に増えている。日本の全耕地面積が約450万ヘクタールであることと比較すれば、その広さが理解できる。

世界全体でのGM作物の作付面積の比率は、大豆で90％、トウモロコシで55％、綿花で25％であり、特に米国では、それぞれ94、93、96％と非常に高い。

国際機関も当然、「生物の多様性に関する条約のバイオセーフティに関するカルタヘナ議定書」などのルールを設けており、それを受けて日本でも「遺伝子組換え生物等の使用等の規制による生物の多様性の確保に関する法律」が2003（平成15）年に制定されている。

また、1963年にFAOとWHOが消費者の健康の保護と公正な貿易を促進するために設立したコーデックス委員会が、「組換えDNA植物由来食品の安全性評価の実施に関するガイドライン」を出しており、日本でもこれを受けて食品安全委員会が2004年に、新たに遺伝子組み換え食品を製造・販売する場合の安全性評価基準を決定している。日本ではきめの細かい対応がなされており、ヒトに対する安全性を評価する点では一定の基準はできているといえる。

遺伝子組み換え食品がはらむ諸問題

2016年10月現在における日本の遺伝子組み換え食品は、ジャガイモ、大豆、トウモロコシ、綿、菜種、テンサイ、アルファルファ、パパイヤなど、309品目の安全性審査が終了している。日本国内では、食用のGM作物は商業的には栽培されておらず、遺伝子組み換えの青いバラと青紫色のカーネーションが生産されているのみである。

2013年には家畜の飼料用や加工用として、トウモロコシ1440万トン、大豆276万トン、菜種246万トン、綿11万トンなどが、米国、カナダ、オーストラリア、ブラジルなどから輸入されている（財務省貿易統計）。それら各国の農産物はほとんどがGM作物なので、これら輸入作物も大部分がGM作物であると考えられる。

遺伝子組み換え作物には、有用な栄養素を多く含むものや、アレルゲンを除いた作物、乾燥地でも収穫できる作物なども開発されつつあり、利点もあるが、消費者からの反対運動も根強い。その理由の一つは、遺伝子を操作するという行為自体を一般の人が実際に見聞することがきわめて稀で、何がどう操作されているのかわからないという不安感にあるだろう。未知のものに対する警戒心を抱くのは当然のことである。

重要な点として、遺伝子組み換え作物が生態系に与える影響に関しては、遺伝子の専門家でも予測できない要素があることが挙げられる。新たな遺伝子を導入することで、安全性が損なわれ、たとえばアレルギーなど、ヒトに対する直接的な有害性が生じないのかという懸念は簡単にはぬぐい去れないものがある。

本書を通じて見てきたように、私たちの体は生体異物に対する一定程度の解毒システムを備えている。それを超える相手に対しては、社会制度を設けて規制をかけてきた歴史も、本章で確認しているとおりである。もしこれに、新たな毒性の脅威が加わるとしたら、未然に防ぐ努力をしなければならないのは当然のことである。しかし、この点に関して、GM作物をつくる側からの明確な説明はなされていない。

説明がない理由の一つは、安全性に関してゼロリスクの証明は不可能だからである。科学は、「ある／存在する」という証明はできるが、「ない／存在しない」という証明はできない、またはきわめて困難である場合が多い。不在証明が容易にできるのであれば、幽霊や宇宙人などの実在についても決着がつけられると思うが、それはできない。

食の安全と毒性という観点でいえば、たとえばアレルゲンが絶対に存在しないという証明は不可能である。GM作物がもたらすアレルギーの判定基準についても、かなり細かい規定があるが、たとえば、アレルギー患者の血液中の抗体と反応するかどうかを調べても、その患者にはたまたま、対象となる抗体が発現していないかもしれない。

とはいえ、ヒトに対する直接的な毒性というのは、特殊な場合を除いては大きな問題にならないだろう。実際、GM作物を何代かにわたって投与した多くの動物実験においても、異常なしという結果が出されている。GM作物に関する書物や記事を見ると、特にインターネット上のものなどを中心にGM作物が及ぼす直接的な毒性への不安を過度にあおるものが多いが、問題は別のところにあるのではないだろうか。私個人は、それ以外の環境や食料安全保障に対する問題のほうがはるかに重要だと考えている。

一つには、このような作物は主として、モンサント社やデュポン社などの巨大企業が生産している。農家が生産した種子を次の年に蒔くことは契約上許されず、ずっとこれらの企業に依存することになる。一時、結実できるが発芽しない、いわゆる「ターミネーター技術」が導入されたことがある。きわめて大きな不評を買って現在は販売されていないが、これらの巨大企業が、そのような能力をもっていることを承知しておく必要がある。すなわち、食料生産という全人類にとって死活的に重要な産業が、ごく少数の多国籍営利企業に握られるリスクについて、食料安全保障という観点から熟考する必要がある。

環境面での懸念も忘れるわけにはいかない。閉鎖系の工場で生産される医薬品の場合は管理が容易である。大災害やテロ、犯罪などの可能性もゼロではないが、遺伝子を組み換えた微生物が環境中に漏れないようにする対策は立てやすいといえる。

しかし、開放系の農場の場合には、風や昆虫が花粉を運ぶこともある。それを裏づけるように、短期間のうちにグリホサート抵抗性の雑草が登場しているし、Bt耐性の害虫の出現も確認されている。周囲の環境に対して開かれた状態にある農場では、遺伝子が外部に伝搬することを阻止するのはきわめて困難である。新規に導入した遺伝子が他の動物に移ったり、耐性を起こす遺伝子が出現したり、他の植物と交雑が起こったりするリスクについて検討しておかなければならない。

この状況は、抗生物質のたどってきた歴史を彷彿させる。微生物が耐性を獲得するたびに、新しい抗生物質をつくらなければならなくなった歴史である。もし本気で環境への伝搬や耐性獲得への対策まで迅速に行わなければならないのなら、GM作物が産業として成り立つのかどうか疑問である。はたして、「環境に広がってもよい遺伝子」と「そうでない遺伝子」とを明確に区別することが可能だろうか？

GM作物の推進者は、遺伝子の伝搬は自然に起こっていて、品種改良なども昔から行われてきたと主張する。しかし、植物と昆虫との関係は何億年という単位でつづいてきたものだが、かつてBt遺伝子が自然に植物に侵入したという話は寡聞にして聞いたことがない。

星の数ほどもある遺伝子の中で、ある特定の配列が人為的に、広大な面積に短期間で導入されることは、自然に起こる現象とはかけ離れている。世界的規模で起こる大気汚染や海洋汚染、オゾン層の破壊や熱帯雨林の減少、地球温暖化等を持ち出すまでもなく、今や人間の産業活動は地球環境を根本的に変えうるほどの力をもつことを真摯に考えなければならない。

生物の多様性という言葉があるが、これは単に生物種の数だけをいっているものではない。ヒトという種がもつ遺伝子の多様性にも当てはまる概念である。免疫のところで述べたように、一卵性双生児以外、ヒトはみなそれぞれ異なるＤＮＡをもっている。その多様性は、たった1個の塩基の変異でさえ、大きな意味をもつほど幅広いものである。

鎌状赤血球貧血という黒人に起こる遺伝病がある。鎌状赤血球では、ヘモグロビンβ鎖の6番めのアミノ酸のＤＮＡのコードが「ＣＴＣ」のグルタミン酸から、「ＣＡＣ」のバリンに変異している。ＴとＡの、たった1個の塩基の変異によって生じるアミノ酸の変化が、赤血球に異常を生み、貧血症をもたらすのである。

ただし、一見不利な遺伝子とも思えるこの塩基配列をもつヒトは、マラリアに抵抗性をもっている。マラリアは、ハマダラカがもつマラリア原虫によって発症する。マラリア原虫は赤血球内で発育するが、鎌状赤血球のヒトの赤血球には棲みにくいようである。

この変異はおそらく、偶然に起こったのだろうが、マラリアの多いアフリカでは生存に有利だったはずである。厚労省検疫所によれば、２０１２年のマラリア患者数は約2億人で、うち約62万人が死亡したと推定されている。最近では、特効薬のキニーネに耐性をもつマラリア原虫も登場しており、人類全体にとって今なお脅威をもたらしている感染症である。

地球の温暖化によってハマダラカの棲息範囲が拡大したとき、生き残るのは鎌状赤血球のヒトたちかもしれない。やや極端な想定だとしても、遺伝子の多様性が人類という種の生存にとって重要であることを如実に示すエピソードである。

先に述べた、私がより重視すべきと考えるGM作物が潜在的にもつ問題の一つがこの点にある。たとえばもし、非常にすばらしい1種類の作物が地球全体で栽培されたとき、この1種類の作物が病気や害虫で絶滅してしまわないかという問題である。実際、19世紀のアイルランドで、単一種のジャガイモが単一の菌類によって絶滅に近い打撃を受け、大飢饉をもたらした歴史がある（『〝自殺する種子〟——遺伝資源は誰のもの？』河野和男、新思索社、２００１年）。

今となってはもはや、GM作物は無視できない段階まで来ている。さまざまな作物の原種を保存し、可能なかぎり多種類の作物を栽培して、突然の事態に備える方策を講じておく必要がある。

健康食品がはらむリスクをどう評価するか

エストロゲン作用をもつ天然物に植物性エストロゲンがあり、大豆イソフラボンがその代表である。大豆イソフラボンは、閉経後の女性に起こる女性ホルモン不足時の骨粗鬆症（こつそしょうしょう）を抑制するため、健康食品やサプリメントとして市場に出回っている。
また、閉経前の女性は動脈硬化の進行が男性より遅いことが知られている。これは、エストロゲンが血管内皮細胞における内皮由来弛緩因子である一酸化窒素（ＮＯ）や血液凝固を抑えるプロスタグランジンI_2（ＰＧI_2）の合成を促進する生理作用をもつためである。この事実から、イソフラボンに動脈硬化の予防を期待する考えもある。

大豆イソフラボン類は、ゲニステイン、ダイゼイン、グリシテインという分子に糖が結合した配糖体のかたちで大豆に存在している。糖がはずれたものをアグリコンという。日本人は大豆食品を多く摂取しているが、大豆を摂取することで健康障害が起こった例はないと考えられる。

しかし、大豆イソフラボンを抽出して濃縮したサプリメントを摂取することに対しては、米国がん学会（ＡＡＣＲ）が２００１年、乳がん治療後の患者は摂取しないよう警告しており、米国心臓協会（ＡＨＡ）も２００６年に同様の警告を発した。乳がんに対してイソフラボンがどう作用するのか、完全に解明されているわけではないが、乳がんの中にはエストロゲン依存性で増殖するものがあり、エストロゲンの作用を阻害する制がん剤を服用している患者もいる。そのため、イソフラボンに対する注意を喚起したものである。

日本でも、２００６年に食品安全委員会が「大豆イソフラボンを含む特定保健用食品の安全性評価の基本的な考え方」を発表した。どのような根拠に基づいて勧告を出したのか、その発想なども参考になるので、その内容を要約する。

まず、平均的な日本人が大豆からどのくらいイソフラボンを摂取しているのかを調べる。これには、２００２（平成14）年の国民栄養調査から大豆イソフラボン摂取量の95パーセンタイル値である64～76㎎／日を確認して、食経験に基づくヒトの安全な大豆イソフラボンの一日上限摂取目安量とする。パーセンタイル値とは、計測値を小さいものから並べたときに、計測値の個数が指定したパーセントの位置にある測定値のことを指す。１００個の測定値における95パーセンタイル値とは、計測値の小さいほうから95％（95番め）に位置する計測値であり、ここでは大豆を多くとる人の値ということになる。

次に、文献調査を行う。２００４年に発表されたイタリアでの大豆イソフラボン錠剤（１５０㎎／日）の長期摂取試験において、摂取群は対照群に比べ、子宮内膜増殖症の発症率が有意に高かった。これにより、１５０㎎／日は、ヒトの健康被害が懸念される「影響量」と考え、個人差を考慮してその半分の75㎎／日を閉経後の女性の安全な大豆イソフラボンの一日上限摂取目安量とする。

さらに、閉経前の女性に関する調査で血清エストロロン濃度の有意な低下が見られた大豆イソフラボンの摂取量57・3㎎／日を、日常の食生活における大豆イソフラボンのサプリメントによる一日上乗せ摂取による最低影響量と見なす。これをもとに、57・3㎎／日の半分、約30㎎／日を閉経前の女性における大豆イソフラボンの一日上乗せ摂取量とする。

閉経後の女性および男性については、閉経後の女性の感受性が閉経前の女性に比べて低くはなく、男性の感受性が女性と大きく異なる必然性がないことから、上乗せ量は同様に30㎎／日とする。

2002年の国民栄養調査に基づく大豆イソフラボンの一日摂取量の中央値（16〜22㎎／日）と、前記の大豆イソフラボン一日摂取目安量の上限値をもとに、閉経前の女性、閉経後の女性および男性のいずれも、大豆イソフラボンを特定保健用食品として30㎎／日摂取しても、その安全な一日摂取目安量の上限値70〜75㎎／日を超えない。

妊婦や生殖機能が未発達な乳幼児および小児に対して、特定保健用食品として大豆イソフラボンを日常的な食生活に上乗せして摂取することは推奨できない。

以上のように、いくつかの研究をもとに、大豆イソフラボンの安全性に関する勧告が出された。勧告の意図は、大豆が悪いということではなく、大豆イソフラボンを抽出・濃縮したサプリメントに対する警告である。これからわかるように、文献を含めた多くの調査によって、可能なかぎり良質の証拠（エビデンス）を伴った勧告が心がけられている。

サプリメントとしてのイソフラボンの摂取は、一日あたり30㎎である。大豆の産地によっても異なるが、豆腐には一般的に約0・5㎎／gのイソフラボンが入っている。イソフラボンを30㎎

ということは、豆腐を一日60g食べれば得られる量である。β-カロテンを例に、食品と食品成分について言及したが、どうしてもイソフラボンが好きだという人には、豆腐を食べることをお勧めする。

牛海綿状脳症が教えてくれたこと

1996年ごろ、進行性認知症と運動失調を呈するクロイツフェルト・ヤコブ病（CJD）のような症状をもつ10名の若い患者が英国で見つかった。CJDは通常、高齢者の病気であるため、なぜ若者に発症したのか、詳細な調査が行われた。

現在では、この病気は変異型CJDとよばれているが、その原因が、異常型プリオンというタンパク質が含まれる牛肉を食べたことにあると突き止められた。その牛肉となった牛は、牛海綿状脳症（BSE：bovine spongiform encephalopathy）、いわゆる狂牛病にかかっていた。牛肉を食べることでそのような重篤な病気が生じうること、そしてその病原体がタンパク質であることなど、きわめて珍しい病気であることから世界中から注目されることとなった。

正常型プリオンタンパク質は、ヒトでは253個のアミノ酸からなる分子量3万5000程度の糖タンパク質で、中枢神経系において特に多く発現している。BSEでは、正常型プリオンが異常型プリオンによって構造変化を起こし、異常型プリオンに変換されて蓄積していくと考えられている。

その異常型プリオンを食べると、きわめてふしぎなことに、消化酵素によって分解されることなく体内に吸収され、血管やリンパ管を経て、あるいは末梢神経を通じて、やがて中枢神経へと到達する。こうしてヒトの脳内に侵入したウシの異常型プリオンは、ヒトの正常型プリオンを異常型へと変換するのである。蓄積した異常型は、神経細胞を死滅させるため、脳組織に空胞ができ、海綿状になると考えられている。

国際獣疫事務局（ＯＩＥ）によれば、２００４年の時点で、ＢＳＥに罹患した牛は英国だけで18万頭を超えていた。その原因は、タンパク源強化のためにウシの飼料に配合されていた肉骨粉である。肉骨粉には、ＢＳＥに似た症状を呈するヒツジの病気・スクレイピーにかかったヒツジの骨や肉が含まれていて、それが種の壁を超えてウシの脳に感染したと考えられている。

病原体は通常、寄生する動物が決まっていて、他の動物には感染しないことが多い。もちろん、トリインフルエンザや日本脳炎のように、種の壁を超えて感染するものもあるが少数である。現に、スクレイピーが一足飛びにヒトに感染した例は確認されていない。ヒツジとウシは近縁であるために感染したと考えられ、ウシからヒトには想像以上に簡単に移行してきたことになる。

ＢＳＥは米国や日本にも上陸し、特に米国との間では牛肉の輸入をめぐって貿易摩擦問題が生じる結果ともなった。英国では、１９８８年に反芻動物用飼料に、同じ反芻動物に由来するタンパク質を使用することを禁ずる飼料禁止令が施行されたため、１９９２年以降はＢＳＥの発症数が急激に減少した。他の国も同様の対策をとったことで、ＢＳＥは現在では大きな問題にはなっていない。

しかし、ＢＳＥは不自然な食料生産に対する大きな警鐘となった。今後、70億の世界人口を養う方法、企業化した食料生産者の利潤、農業から出る大量の廃棄物の処理、農産物を輸出する国の政策、輸入する国の安全性の確保……といった複雑に絡み合う問題を、どのように調和のとれたものにしていくのか、難題が積み残されている。

世の中に氾濫する健康食品

健康に関する漠然とした不安が世の中に蔓延（まんえん）している。

理由の一つとして、日本では高校までにヒトの体のしくみや病気に関する教育が十分になされていないうえに、大学においても理系のごく一部でしか医学教育が行われないことが考えられる。その結果、多くの国民は確実な知識がないままに、さまざまな病気や老化に対する不安を煽られ、一部の人たちはいわゆる健康食品に頼るようになる。

健康食品はすでに、１兆円を超える産業になっている。その急激な膨張を支えている背景として、食の安全・健康に対するリテラシーの欠如があるとしたら、大問題である。

健康食品の中でも特定保健用食品、いわゆるトクホは、ヒトを用いた実験によって効果があることが実証され、消費者庁から特別なマークをつけることを許可されている。しかし、そのようなトクホであっても、具体的にどのような機構でどんな効果があるのかを把握して使わなければ意味がない。国立健康・栄養研究所のホームページに、トクホの利用法に関する情報が掲載されているので、気になる製品がある方は購入する前にチェックしてみたほうがいいだろう（http://hfnet.nih.go.jp/contents/detail1026.html）。

一方、なんら法的規定のない〝健康食品〟が、テレビや新聞、インターネットを通じてさかんに宣伝・販売されている。一日中、健康食品を売る番組だけを流しているテレビ局さえある。ほとんどすべてといっていいほど、それらの宣伝には多くの問題がある。国内では現れないことを祈るが、有害成分を含むものや、違法に医薬品成分を混入させた食品による健康被害も、世界では多数発生している。健康のために口に入れた〝食品〟に毒性があったのでは、たまったものではない。

これに関する情報も、国立健康・栄養研究所のホームページに記載があるので、興味のある方は参照していただきたい（https://hfnet.nih.go.jp/contents/index1.html、http://hfnet.nih.go.jp/contents/detail1794.html）。

健康食品についても医薬品同様、本格的に効果を証明するなら二重盲検法によるヒトでのデータが必要なことは、すべての販売会社が知っているはずである。しかし、一般の消費者はそうとは限らないので、実に巧妙な宣伝文句で、あたかも効果がある、それが実証されていると錯覚するようなコマーシャルを打っている。

二重盲検法を行って、きちんと効果を証明できなかったことを示す、典型的な演出法がある。タレントをはじめとする個々の人たちの「効いた」「治った」という声を、「※個人の感想です」などという小さなテロップを入れながら放映する方法である。このようなコマーシャルを目にしたら、〝個人的感想〟以外に効果をアピールできる科学的根拠がないと判断するべきである。

いずれにしても、決して効果があるとはいわない点が実に悪質で、効果のないものを消費者の無知につけ込んで、ダマしてでも売ろうとする姿勢を感じるのは私だけだろうか。消費者の生命や医学に対する理解を妨げることにつながりかねず、憂慮している。

また、決して医薬品と混同しないようにすることも重要である。健康食品に頼って適切に医薬品を摂取しない人がいるようだが、トクホといえども食品にすぎず、医薬品のような効き目はもとより期待できない。臨床検査で異常な数値が出たら、医師と相談して薬を飲むことが必要である。

たとえば、「血圧が130を超えたら、○○を摂りましょう」とよびかける宣伝がある。血圧

135の人がその食品を摂りつづけたら、あるいは130になるかもしれない。しかし、血圧180の人は、その食品で170になることはあっても130になることはまず考えられない。万が一そのような血圧の降下が認められたら、別の要因を疑うべきである。病気に対しては、食品では決して対処できないことを認識しておこう。

食料問題の新たなキーワード「フードマイレージ」

食品の輸送は、環境問題と深い関わりをもつ。莫大な量の食料が地球上を飛び交う際に消費される輸送エネルギーは、炭酸ガスの排出や地球温暖化という重要な問題を含んでいる。そのような視点から考え出されたのが、フードマイレージという概念である。

フードマイレージとは、どれだけの重量の食料を何キロメートル運搬したかについて、「トン×km」という数値で表したものである。表10－5に、いくつかの例を示す。

この表からわかるのは、国民一人あたりの数値で見た際に、日本と韓国が飛び抜けて高いことである。背景には、世界中から食料を輸入していることがある。アメリカは面積的にも大きな国だが、食料生産国であるためにフードマイレージは小さい。

この問題は、中毒とは直接は関係ないが、輸送による炭酸ガス排出といった環境問題なども含めて、「食料安全保障」という観点から食の問題を考えることが今後は重要になってくる。フー

国名	総量	国民一人あたり
日本	9002億800万	7093
韓国	3171億6900万	6637
アメリカ	2958億2100万	1051
イギリス	1879億8600万	3195
ドイツ	1717億5100万	2090
フランス	1044億700万	1738

表10-5　2001年におけるフードマイレージ＝食料重量（トン）×輸送距離（km）（中田哲也『農林水産政策研究』第5号、45-59（2003））

ドマイレージの概念を知っておけば、「地産地消」に対する理解も深まるだろう。これからの重要なテーマの一つとして、ぜひ知っておいていただきたいものである。

食の安全性を維持するための国際協力体制

グローバル化の進展によって事実上、世界が単一の市場になり、私たちが口にする食品も世界中からやってくる時代になった。食品の安全性を守るために、各国が独自の法律を定めているが、世界レベルで食の安全性を維持していくためには、国際規格というものが必要不可欠である。

貿易などにも支障を来さないようルールを定めたうえで、しかも各国がそれを守る必要がある。そのような目的から、ＷＨＯやＦＡＯ、コーデックス委員会などの諸機関が、毒性評価の標準化や各国への勧告などを行っている。このような枠組みは、今後ますます重要となるだろう。

日本では、厚労省、農水省、食品安全委員会、消費者庁などの行政機関が、驚くほど迅速に、多くの問題について法律や省令などをつくって対応している。その一端は、本書でもしばしば顔を覗かせてきた。法律をつくるのはもちろん国会議員だが、これらの行政機関が数多くの研究者と協力して問題となる物質の量や国民の摂取量などについての調査を行い、きめ細かい対応をしているのは驚くほどである。

国際的な枠組みを決める場合は、炭酸ガス排出をめぐる議論や捕鯨の問題を見てもわかるように、各国の利害や偏見が複雑に絡み合い、デリケートで難しい問題になることも多い。不毛な議論にならないように、迅速かつ科学的な対応が望まれる。

科学的な結論が出ているときでさえ議論が難航することは少なくないが、さらに難しいのは、テーマとなっている毒性の発現について、科学的に完全には解明されていない場合である。

たとえば、152ページで紹介したトリブチルスズによるインポセックスの発生の例でいえば、毒性発現のメカニズムまではわからないものの、用量-反応関係がはっきりしており、かなり科学的な議論が可能である。それでもなお、70余りの国と地域しか条約に加盟していないのである。

他の多くの化学物質に関しては、そのレベルにまで研究が進んでいないのが実情である。しかし、環境問題については、「科学的に明らかになったときにはすでに手遅れ」という事態があり得る。どのような予防原則をどう導入するのか——叡智の絞りどころである。

食品は必然的に、すべての人が消費者である。一人ひとりがしっかりと勉強して個々の意見をもち、政府や国際機関にはたらきかけていくことも重要である。

新たな化学物質を開発するということ

第二次世界大戦以降、石油化学工業が隆盛になり、多くの化学製品が開発され、製造・流通するようになった。プラスチックもその一つである。原油を熱分解して得られるエチレンは、多くの化学物質やポリエチレンの原料になるが、日本では、年間600万トンほど製造されている。

ポリエチレンに代表されるプラスチックは、安定かつ軽量で、加工しやすいうえに、適度な強度をもつなどの性質を備えている。この利点を活かして多くのポリマー（高分子化合物）が開発され、生活が便利になったことは確かである。

その一方で、製造現場では、さまざまな問題に悩まされてきた。塩化ビニルに発がん性があり、触媒は空気中で発火する危険物質や毒物であり、廃棄プラスチックは自然には分解せず、焼却処理しにくいことなどである。現在では、自然環境中で分解される生分解性ポリマーでなければ製品化できないなど、新製品の開発においても新たな視点が採り入れられるようになった。

生態系に大きな影響を与えたＰＣＢも、当初は化学的安定性と絶縁性（大きな電気抵抗）という単純な指標（パラメータ）を満たす分子として開発され、コンデンサーをはじめとして多くの電気製品や熱媒体に使われた。

開発当時はおそらく、ヒトに対して毒性をもつかどうかという観点自体がなかったと考えられる。同様のことは、ディルドリンなどの殺虫剤や多くの農薬、食品添加物でもあてはまり、特定の、しかも単純なパラメータを目指して開発されてきた。

物質を開発する場合、パラメータが単純なほうが効率が高いのは事実である。「化学的に安定であると同時に、生物に対しては毒性をもたない」といったような、二つの要素を兼ね備える物質の開発が難しいのは当然である。

そのような難しい条件を満たす物質として開発されたものに、フロン類がある。そのフロン類は確かに、直接的には私たち生物に対する毒性をもたなかった。ところが、やがてオゾン層を破壊する原因物質であることが突き止められ、オゾンホールの形成を通して、地球環境に大きな影響を及ぼすことが判明した。いわば、間接的な毒性を有していたのである。

オゾン層を破壊しにくいとされた代替フロンもまた、今では温室効果ガスに分類されている。両者の開発当時、このような運命をたどるとは、誰も想像しなかったに違いない。

ある特定の人工化学物質や遺伝子組み換え作物が環境中に出されたときに引き起こしうる、あらゆる影響を事前に予測することは不可能である。現在の科学では、予測できないリスクを予測するなどという体系的方法論は存在しない。とはいえ、人工化学物質の使用をすべてやめることもまた、不可能である。このような物質の中には、必要不可欠なものもきわめてたくさん存在するからである。

中毒学の今後の発展に、何が必要だろうか。

一つには、南極上空のオゾン層の破壊や内分泌攪乱作用が発見されたときのように、一見無縁と思える他領域からの指摘が重要である。セレンディピティという言葉がよく使われるが、基礎研究で起こる偶然の発見が、その重要な契機になることが多い。大学でも目先の利益を追う応用研究にしか予算がつかないのが現状だが、広い領域における基礎研究を発展させることが開発時に予測できなかったリスクを評価するうえで、すなわち――、私たちの安全性を高めるためにきわめて重要である。

おわりに

「はじめに」でも紹介したように、２００３（平成15）年5月に制定された食品安全基本法の第９条に、「消費者は、食品の安全性の確保に関する知識と理解を深めるとともに、食品の安全性の確保に関する施策について意見を表明するように努めることによって、食品の安全性の確保に積極的な役割を果たすものとする」という条文があります。

ヒトは、食物連鎖の頂点に立っています。言い換えれば、自然に最も依存している生物が私たちなのです。その証拠に、たとえばグルコースだけで生き抜いていける微生物とは違って、多種多様な必須栄養素を外界に頼っています。それにもかかわらず、本能で欠乏を把握できるのはたった二つだけ、喉が渇いたという感覚で水が不足していることを知り、お腹が空いたという感覚でグルコースが足りないとわかるだけなのです。いかにも脆弱ですね。

私たちヒトが健康に暮らしていくためには、食に関する科学的知識を養って、自分が日々、食べていくものについて、真面目に考えるしかありません。なにしろヒトは、他の生物の命を奪って食すことで、生きているのですから――。

どんな食品をどう食べていくか。その選択において、食の安全性は何より重要であり、その判断を支えるのが中毒学が蓄積してきた科学的な知見です。消費者である私たち一人ひとりが積極的にさまざまな情報を調べて、食品安全委員会等に意見を述べることも可能です。

食の安全を脅かす新たなリスクは、今後も確実に現れてきます。そのとき、「安全か／危険か」という二者択一の発想に陥ることなく、「どの程度の量で、どの程度の影響が出るか」という量的な議論を経て判断を重ねていくことができるかどうか——。本書で学んだ中毒学の知識を存分に活かしていただきたいと思います。

最後に、本書を出版するにあたり、さまざまに有意義なご意見をいただいた講談社の倉田卓史氏に感謝いたします。

2016年晩秋

小城　勝相

参考文献

1：*Casarett & Doull's Toxicology: The Basic Science of Poisons*, C. D. Klaassen ed., 8th Ed., McGraw-Hill, New York (2013) ——中毒学に関する標準的な教科書。

2：『新版 トキシコロジー』日本トキシコロジー学会教育委員会編、朝倉書店、2009年

3：『食安全性学』小城勝相・一色賢司編著、放送大学教育振興会、2014年

4：『岩波 生物学辞典（第5版）』巌佐庸・倉谷滋・斎藤成也・塚谷裕一編、岩波書店、2013年

5：『生化学辞典（第4版）』大島泰郎他編、東京化学同人、2007年

6：『ステッドマン医学大辞典（改訂第6版）』高久史麿総監修、ステッドマン医学大辞典編集委員会編、メジカルビュー社、2008年

上の三つの辞典は、用語の意味を調べるのに便利である。自然科学では用語の定義が明確なので、その意味を辞典で調べることで理解が速くなる。自然科学でなじみのない分野を勉強するのは外国語の学習に似ており、辞典は必須である。

7：『生命にとって酸素とは何か——生命を支える中心物質の働きを探る』小城勝相、講談社ブルーバックス、2002年

8：『放射線と健康』舘野之男、岩波新書、2001年

9：『放射線医が語る被ばくと発がんの真実』中川恵一、ベスト新書、2012年

10：『エピジェネティクス——新しい生命像をえがく』仲野徹、岩波新書、2014年

11：『日本人の食事摂取基準〈2015年版〉』菱田明・佐々木敏監修、第一出版、2014年

12：『食品安全の事典』日本食品衛生学会編、朝倉書店、2009年

13：『〝自殺する種子〟——遺伝資源は誰のもの？』河野和男、新思索社、2001年

14：『ハイテク汚染』吉田文和、岩波新書、1989年

〈ま・や行〉

〈ら・わ行〉

〈は行〉

〈た・な行〉

〈さ行〉

さくいん

〈人名〉

〈アルファベット・数字〉

N.D.C.493.15　286p　18cm

ブルーバックス　B-1996

体の中の異物「毒」の科学

ふつうの食べものに含まれる危ない物質

2016年12月20日　第1刷発行
2023年1月25日　第3刷発行

著者　小城勝相
発行者　鈴木章一
発行所　株式会社講談社
〒112-8001 東京都文京区音羽2-12-21
電話　出版　03-5395-3524
販売　03-5395-4415
業務　03-5395-3615
印刷所　(本文印刷) 株式会社ＫＰＳプロダクツ
(カバー表紙印刷) 信毎書籍印刷株式会社
製本所　株式会社国宝社

定価はカバーに表示してあります。

ISBN978−4−06−257996−4

発刊のことば

科学をあなたのポケットに

二十世紀最大の特色は、それが科学時代であるということです。科学は日に日に進歩を続け、止まるところを知りません。ひと昔前の夢物語もどんどん現実化しており、今やわれわれの生活のすべてが、科学によってゆり動かされているといっても過言ではないでしょう。

そのような背景を考えれば、学者や学生はもちろん、産業人も、セールスマンも、ジャーナリストも、家庭の主婦も、みんなが科学を知らなければ、時代の流れに逆らうことになるでしょう。

ブルーバックス発刊の意義と必然性はそこにあります。このシリーズは、読む人に科学的に物を考える習慣と、科学的に物を見る目を養っていただくことを最大の目標にしています。そのためには、単に原理や法則の解説に終始するのではなくて、政治や経済など、社会科学や人文科学にも関連させて、広い視野から問題を追究していきます。科学はむずかしいという先入観を改める表現と構成、それも類書にないブルーバックスの特色であると信じます。

一九六三年九月　野間省一